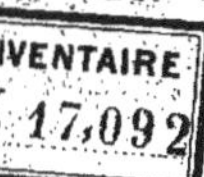

A MONSIEUR J. NICKLÈS,

Professeur de Chimie à la Faculté des Sciences de Nancy ; Chevalier de la Légion d'honneur.

Hommage d'amitié et de reconnaissance.

E. REUSS.

FACULTÉ DES SCIENCES DE NANCY.

Professeurs :

MM. Godron, ✳, Doyen, professeur d'Histoire naturelle.

Nicklès, ✳, professeur de Chimie.

Chautard, professeur de Physique.

Renard, professeur de Mathématiques.

Lafon, professeur d'Astronomie et de Mécanique.

COMMISSION D'EXAMEN.

MM. Chautard, *Président.*

Renard.

Lafon.

SUR LE CALCUL

DES

ÉCLIPSES DE SOLEIL ET DE LUNE

THÈSE D'ASTRONOMIE,

PRÉSENTÉE

A LA FACULTÉ DES SCIENCES DE NANCY,

ET SOUTENUE PUBLIQUEMENT

Le samedi 30 juillet 1864, à deux heures après-midi

POUR OBTENIR LE GRADE DE DOCTEUR ÈS SCIENCES

PAR

Charles-Émile REUSS,

DE BOUXWILLER (BAS-RHIN)

Licencié ès sciences mathématiques, Licencié ès sciences physiques, Membre de la Société d'Emulation des Vosges,
Professeur au Collége de Mirecourt.

NANCY,

Vᵉ RAYBOIS, IMPRIMEUR DES FACULTÉS DE NANCY,

Rue du Faubourg Stanislas, 5.

—

1864.

A MA MÈRE.

A MON BEAU-PÈRE, F. A. SCHALLER,

Inspecteur ecclésiastique, Président du Consistoire de Colmar.

A LA MÉMOIRE

DE MON FRÈRE G. CH. REUSS,

Ancien Elève de l'Ecole polytechnique ; Ingénieur des Mines ; Docteur ès Sciences.

E. REUSS.

SUR LE CALCUL DES ÉCLIPSES

DE SOLEIL ET DE LUNE

INTRODUCTION ET NOTIONS PRÉLIMINAIRES

1. De tous les phénomènes célestes, celui qui a dû le plus vivement frapper l'esprit des hommes et devenir le sujet de leurs sérieuses méditations, c'est cette disparition subite et imprévue de l'astre qui nous procure le jour, ou de celui qui nous éclaire la nuit. Aussi chez tous les peuples de l'antiquité, les observations d'éclipses de Soleil ou de Lune sont-elles les plus anciens monuments astronomiques qui soient consignés dans leurs annales. Leur prédiction surtout, longtemps un des principaux objets de l'astronomie, avait quelque chose de merveilleux pour ceux qui n'étaient pas initiés aux lois de la nature, et aujourd'hui encore elle étonne le public par la précision dont ce calcul est susceptible; on peut même dire que c'est elle qui a le plus contribué à concilier à la science des astres le respect du vulgaire.

Dans ce travail, je me propose d'examiner les principales méthodes qui ont été imaginées par les astronomes pour déterminer toutes les circonstances d'une éclipse de lune ou de soleil; ces méthodes sont nombreuses et varient suivant le but que l'on se propose et suivant le degré d'exactitude que l'on veut atteindre; je chercherai à en présenter l'exposition le plus simplement possible, et j'aurai soin de donner des applications numériques destinées à mettre en relief les précautions que devra prendre le calculateur pour tirer des formules générales le meilleur parti possible. Je m'attacherai également à faire l'historique de chacune de ces méthodes, afin de rendre à chaque auteur l'honneur de son invention et de faire sentir en même temps les progrès que la question a faits dans la suite des siècles. Mais avant d'aborder l'examen de ces méthodes, l'on ne trouvera pas superflu, je pense, que j'entre dans quelques détails préliminaires relativement à ces intéressants phénomènes, qui ont marqué leur trace dans l'histoire non moins que dans la science.

2. Si les éclipses furent aperçues dès les premiers âges, leurs véritables causes restèrent longtemps ignorées, et la superstition, fille du merveilleux, ne tarda pas à s'emparer des peuples lors de leur apparition. On voyait en elles une preuve de la colère des dieux; c'étaient des messagers de calamités inévitables dont les hommes étaient menacés en punition de leurs forfaits.

Plusieurs désastres publics ont été la suite des terreurs causées par ces phénomènes. La décadence de la république d'Athènes commence avec la défaite de Nicias qu'une éclipse de lune avait empêché de saisir l'occasion favorable pour quitter la Sicile avec son armée (413 av. J.-Ch.). Beaucoup de capitaines de l'antiquité ont eu à lutter contre l'épouvante que les éclipses jetaient parmi leurs soldats;

Alexandre, avant la bataille d'Arbelles, fut tellement effrayé d'une éclipse de lune, qu'il ordonna des sacrifices au Soleil, à la Lune, à la Terre, comme aux Divinités qui causaient les éclipses. Agathocles, roi de Syracuse, dans sa marche contre Carthage (310 av. J.-Ch.), ne parvint qu'à grand'peine à dissiper la consternation dont son armée fut saisie à la vue d'un phénomène du même genre. On raconte des traits analogues à l'occasion de Périclès, de Sulpitius Gallus, de Dion, roi de Sicile, etc.

A mesure que la véritable cause des éclipses se fit jour, la terreur devint moins générale, et l'on vit des hommes plus éclairés s'en servir contre ceux qui étaient moins instruits. Ainsi Drusus, par la prédiction d'une éclipse de lune, sut ramener au devoir ses soldats séditieux ; ainsi Paul Émile sut profiter de l'épouvante dans laquelle une éclipse avait jeté l'armée de Persée pour remporter la victoire. Christophe Colomb se servit adroitement d'une éclipse de lune dont il avait prévu l'approche, pour se soumettre les sauvages révoltés, et en obtenir les vivres nécessaires à lui et à ses compagnons. L'histoire abonde en exemples de ce genre.

Aujourd'hui que les sciences sont accessibles à tout le monde et que les éclipses ne sont plus des événements en dehors de l'ordre naturel des choses, on voit encore ces phénomènes produire de puissantes impressions sur l'esprit non-seulement du vulgaire, mais des savants mêmes : N'a-t-on pas vu des éclipses de soleil éveiller le génie et décider de la vocation de plusieurs astronomes célèbres, tels que : *Tycho-Brahé, Delisle, Lalande, Maskelyne, Messier*, etc. (1).

3. La large part que l'on accordait aux éclipses dans les événements de ce monde, jointe à la curiosité naturelle à l'esprit humain, devait de fort bonne heure porter les hommes à en chercher les *causes*, et à en prévoir le *retour*.

Pendant longtemps ils durent se contenter d'explications grossières et d'hypothèses bizarres : pour le Chaldéen *Bérose* la lune était une sphère dont une moitié seulement était lumineuse, et qui s'éclipsait par une rotation accidentelle. Pour *Anaximandre* (610 av. J.-Ch.) le soleil et la lune étaient des chariots qui renfermaient un feu qu'on voyait par une ouverture circulaire : il y avait éclipse quand cette ouverture venait à s'obstruer. Pour les Chinois et les Indous, c'était un dragon qui dévorait l'astre et qui, soit vaincu par les prières des uns, soit épouvanté par le tintamarre des autres, le rejetait peu après, etc. (2).

Les causes réelles des éclipses furent néanmoins entrevues depuis une haute antiquité ; nous en trouvons l'explication chez les Chaldéens, les Égyptiens, les Grecs, les Romains, etc. Les premiers, selon Diodore de Sicile, connaissaient la cause des éclipses de lune, tout en ignorant celle des éclipses de soleil ; on attribue même à ce peuple la découverte de la période de 18 ans, nommée *Saros*, et qui ramènerait les éclipses dans le même ordre. Les Égyptiens paraissent avoir été plus avancés ; ils avaient probablement des méthodes pour les calculer, mais leurs travaux ne sont point arrivés jusqu'à nous. C'est d'eux, sans doute, que *Thalès* de Milet tenait la connaissance de la véritable cause des éclipses (3) et même les moyens de les prédire ; c'est en effet depuis ce philosophe que

---

(1) Voy. l'Histoire des Mathématiques par *Montucla*, t. I, p. 683 ; l'Histoire de l'Astronomie du XVIIIe siècle par *Delambre*, page 319, 848, 623, 767.

(2) Pour l'opinion des anciens sur les causes des éclipses, voy. Almagestum novum de J.-Bapt. *Riccioli*, tom. I, p. 288. *Montucla*, ouv. cité, part. I.; l'Histoire de l'Astronomie ancienne de *Bailly* et celle de *Delambre*.

(3) *Plutarque*, De placitis philos. lib. 2, cap. 21, 24, 28.

nous trouvons chez les Grecs une bonne explication de ces phénomènes. Personne n'ignore le procédé si simple employé par *Périclès* pour rassurer les matelots effrayés par une éclipse, et qui prouve bien que, pour lui, cet événement n'était plus un mystère.

Cependant les préjugés dominèrent encore longtemps les peuples; les vraies causes, bien que connues par certains esprits supérieurs, ne pénétrèrent que peu à peu dans les masses, et il faut croire que cette évidence dont parle Pline : « Manifestum est solem interventu lunæ occultari, lunam que terræ objectu, etc. (1) » en était une plutôt pour ce savant lui-même, que pour ses contemporains. D'ailleurs, sans remonter bien haut, en 1654 encore, on vit sur la simple annonce d'une éclipse totale de soleil, une multitude d'habitants de Paris se cacher au fond des caves (2).

C'est surtout la *prédiction* des éclipses de soleil et de lune qui a de tout temps excité l'admiration des hommes. On fait honneur à *Thalès* d'avoir été le premier chez les Grecs qui ait prédit une éclipse de soleil; nous voyons après lui *Hélicon* de Cysique (401 av. J.-Ch.), *Eudème* de Rhodes, disciple d'Aristote, et d'autres, faire preuve de la même habileté. *Sulpitius Gallus* (3) s'est également rendu célèbre chez les Romains pour avoir prédit plusieurs éclipses, entre autres celle de lune qui arriva la nuit avant la bataille où Paul Émile défit Persée (168 av. J.-Ch.).

Les méthodes qui ont servi à ces prédictions ne pouvaient point ressembler aux nôtres; car il est fort douteux qu'avec les connaissances grossières que les anciens avaient des mouvements célestes, ils eussent pu arriver à calculer d'avance quand le soleil ou la lune se trouverait éclipsée; le hasard devait entrer pour beaucoup dans les annonces qui se sont vérifiées. L'art de calculer les éclipses ne peut guère remonter au delà d'*Hipparque* (168 à 129 av. J.-Ch.), qui créa la Trigonométrie, fixa plus sûrement la durée du mois lunaire et de l'année solaire, et sut déterminer la parallaxe de la lune et sa distance à la terre.

L'éclipse totale prédite par Thalès et qui, selon Hérodote, mit fin à la guerre entre les Lydiens et les Mèdes est assez douteuse; Hérodote en indique l'année d'une manière si vague que les astronomes varient fort sur l'époque où elle dut arriver (4). D'ailleurs Thalès fit sa prédiction en n'annonçant que l'année dans laquelle ce phénomène eut lieu; οὖρον προθέμενος ἐνιαυτὸν ἐν ᾧ δὴ καὶ ἐγένετο ἡ μεταβολή. (Hérod. lib. I). On suppose qu'il la fit au moyen de la période chaldaïque; mais pourquoi alors n'a-t-il pas annoncé le mois et le jour, vu que cette période était connue au jour près? Peut-être n'osait-il pas s'y fier : elle est en effet très-incertaine et les Chaldéens eux-mêmes n'ont jamais annoncé que des éclipses de lune (5). Cependant il n'est pas impossible que la période ait réussi à

---

(1) *Plinius,* lib. 2, cap. 10.

(2) *Fontenelle,* Entreliens sur la pluralité des mondes.

(3) « Rationem utriusque sideris primus Romani generis in vulgus extulit Sulpitius Gallus, qui consul cum M. Marcello fuit..... Apud Græcos autem investigavit primus omnium Thales Milesius, Olympiadis 48, anno 4°, prædicto solis defectu, qui sub Astyage rege facta est. » (Plin. lib. 2, cap. 12.)

(4) *Riccioli* lui assigne l'an 585 av. J.-Ch.; *Scaliger* l'an 583; *Calvisius,* 607; *Costard* et *Chr. Mayer* de Pétersb., 607; *Oltmans,* 609; *Volney,* 625, *Usher,* 613, etc.

(5) Consultez relativement à cette période et ces prédictions l'Hist. de l'Astron. du XVIIIᵉ siècle par *Delambre,* p. 410 et suiv. Cet astronome conclut à l'impossibilité où était Thalès de faire la prédiction dont parle Hérodote. Voyez encore *Bailly,* Histoire de l'Astron. ancienne, p. 197 ; Éclairciss., p. 439 ; et les Mémoires de l'Académie des sciences, an. 1756, p. 78 et 81 (Mém. de *Legentil.*)

Thalès, à Hélicon, à Eudème et à d'autres, pour une éclipse de soleil; Halley a bien prédit celle du 2 juillet 1684 d'après celle qui fut observée le 22 juin 1666.

Quant aux autres peuples de l'antiquité, les Indiens, les Chinois, etc., ce qu'ils savaient avant les Grecs sur cette question se bornait à peu de chose; ils furent bientôt dépassés par ces derniers. Les Chinois, bien que leurs annales citent une éclipse de soleil arrivée l'an 2155 avant notre ère, et qui a dû coûter la vie aux astronomes *Hi* et *Ho* pour avoir manqué de l'annoncer, n'eurent de principes passables et de préceptes compréhensibles que vers l'an 237 ap. J.-Ch., sous l'astronome *Lieou-Hong*; et même ce ne fut qu'en 550 que *Tchang-tse-sin* enseigna la manière de trouver le commencement, le milieu et la fin d'une éclipse, ainsi que sa grandeur. Ils étaient alors loin des Grecs leurs contemporains, puisque *Ptolémée*, dont les travaux datent de 125 à 139 ap. J.-Ch. avait déjà résolu toutes ces questions.

4. Personne n'ignore aujourd'hui les causes des éclipses de soleil et de lune; on sait qu'il y a éclipse de lune quand cet astre pénètre dans le cône d'ombre projeté par la terre, et éclipse de soleil, quand la lune se plaçant entre notre œil et le soleil nous cache une portion plus ou moins étendue de cet astre; d'où il suit que les éclipses de lune ne peuvent avoir lieu que lors des *oppositions* ou *pleines lunes*, et les éclipses de soleil lors des *conjonctions* ou *nouvelles lunes;* l'on sait enfin que c'est l'inclinaison de l'orbite lunaire sur l'écliptique qui fait qu'il n'y a pas éclipse à chaque syzygie, et que ces phénomènes ne peuvent arriver que quand la lune est voisine de l'un de ses nœuds.

Les éclipses de lune sont visibles dans le même instant et avec la même grandeur pour tous les habitants de la terre qui ont la lune au-dessus de l'horizon, car la lune est réellement privée de sa lumière par l'ombre de la terre. Dans les éclipses de soleil, au contraire, la position du spectateur influe considérablement sur leur grandeur et sur l'instant où elles arrivent; car ici la lumière solaire n'est qu'interceptée pour tous ceux qui se trouvent sur la ligne qui passe par le soleil et la lune, tandis que pour d'autres habitants, l'éclipse n'aura pas lieu ou sera d'une phase différente.

5. Il suit de là que pour pouvoir calculer une éclipse de lune ou de soleil, une connaissance exacte des mouvements de ces deux astres est indispensable: il faut savoir déterminer d'avance, pour une époque quelconque, les positions relatives de la Terre, de la Lune et du Soleil, leurs distances, leurs diamètres apparents, leurs vitesses, etc. On sent de plus que le calcul des éclipses de soleil doit présenter plus de difficultés et de longueurs que celui des éclipses de lune, puisqu'il y faut avoir égard à la position de l'observateur sur la surface de la terre, attention inutile pour les dernières.

Pour suppléer au calcul des éclipses, les anciens ont cherché à prévoir leur retour au moyen de certaines périodes au bout desquelles elles reviendraient dans le même ordre. La plus célèbre de ces périodes est celle appelée *Saros*, ou la période *chaldaïque* de 18 ans 10 jours, ou plus exactement de 6585 j., 32118, intervalle dans lequel la lune revient 242,01 fois au nœud, 238,99 fois à l'apogée, et 223 fois à la même syzygie. Les éclipses devaient donc se reproduire sensiblement avec les mêmes circonstances, et il suffisait de les observer pendant une période, pour pouvoir prédire celles qui devaient avoir lieu dans les périodes suivantes. Mais comme le retour de la lune à sa même position à l'égard du soleil, de son apogée et de ses nœuds n'est pas rigoureusement exact, les éclipses varient de grandeur, augmentent ou diminuent jusqu'à un certain terme, après quoi elles n'ont plus lieu et ne doivent plus se renouveler qu'après 1803 ans (1). Hipparque substitua au

---

(1) Voy. *Delambre*, Hist. de l'Astron. du XVIIIe siècle, p. 408; son Astronomie, t. II, p. 520; *Lalande*, Astronomie, 2e édit., 1771, page 249. — Connais. des Temps, pour 1812, page 295.

Saros la période plus exacte de 441 ans 106 jours, ou 161178 jours, qui comprend juste 5458 lunaisons et 5923 retours de la lune au nœud, en sorte que cette période ramène plus exactement les éclipses pour la grandeur et la durée. On cite aussi une période de 557 années 22 jours, composée de 6890 lunaisons et de 587 retours au nœud. En 1827 encore, *Utting* (1) proposa une période de 307 années juliennes, et 174 jours 19 h. 53 m. 37 s. $\frac{2}{3}$ comprenant 3803 lunaisons. Aujourd'hui que le calcul des éclipses est devenu bien plus facile et plus sûr, on ne fait plus attention à ces périodes ; déjà les anciens devaient s'être aperçus de leur peu d'exactitude, car ils leur ont souvent préféré le calcul.

6. Les astronomes ont composé des *Tables* à l'aide desquelles on peut déterminer, pour un instant quelconque, les éléments du Soleil, de la Lune et des Planètes, nécessaires au calcul des éclipses ; et des *Éphémérides* où se trouvent consignés ces mêmes éléments pour des intervalles de temps suffisamment rapprochés, ainsi que tous les autres détails utiles, pour chaque année particulière. Les Tables astronomiques, nécessairement peu exactes dans les commencements, n'ont pu se perfectionner qu'avec le temps et après une longue suite d'observations. Les plus anciennes que l'on connaisse, sont celles que *Cl. Ptolémée* nous a léguées dans son grand ouvrage, intitulé : Μεγάλη Σύνταξις, ou Almageste ; *Hipparque* en avait construit avant lui, mais elles ne nous sont point parvenues. Avec ces premières Tables on ne pouvait calculer qu'à une demi-heure près l'instant d'une éclipse ; l'erreur sur la grandeur était également très-considérable ; cependant durant quelques siècles on s'est servi des Tables de Ptolémée sans y rien changer. Plusieurs astronomes vinrent successivement les corriger, les réformer, ou en construire de nouvelles, entre autres : *Albategni*, prince arabe (880); *Ebn Jounis* (+ 1008); *Alphonse*, roi de Castille (les Tables Alphonsines parues en 1252); *Ulug-Beg*, , petit-fils de Tamerlan ; *G. Purbarch* (né en 1423); son disciple *Regiomontanus* ou Jean *Muller* de Kœnigsberg, auquel on doit les premières Éphémérides, qui parurent de 1475 à 1531 ; l'illustre *Képler* qui acheva et compléta les Tables que *Tycho-Brahé* avait commencé à établir sur ses observations ; ces Tables, appelées *Rudolphines*, quoique encore imparfaites, avaient sur toutes les précédentes des avantages certains : c'est réellement d'elles que datent nos Tables modernes. Ses Éphémérides (de 1617 à 1636) sont également très-renommées. Après Képler, nous citerons encore *Dom.* et *Jacq. Cassini* (1668 et 1740); *Lacaille* (1758); *Tobie Mayer* (1770); *de Zach* (1792) et surtout les astronomes suivants, du siècle actuel : *Delambre* (1792, 1806, 1817), *Bürg* (1806), *Burkhardt* (1812), *Damoiseau* (1824), *Carlini*, *Bessel*, MM. *Hansen*, *Le Verrier*, etc., dont les Tables servent encore aujourd'hui.

Parmi les Éphémérides qui se publient de nos jours, il faut mettre en tête la *Connaissance des Temps*, ouvrage composé pour la première fois en France par *Picard* en 1679; il se publie maintenant par les soins du *Bureau* des longitudes, créé en 1795. Le *Nautical Almanac*, fondé en 1767 par *Maskelyne*, et les *Éphémérides de Berlin*, en 1776 par *Lambert*, sont encore des ouvrages précieux dans ce genre.

C'est dans l'un ou l'autre de ces ouvrages que le calculateur prendra tous les éléments dont il aura besoin pour déterminer les circonstances d'une éclipse.

---

(1) On a new Period of Eclipses, by J. Utting, Esq., (Memoirs of the astronomical society of London, vol. VIII, Part. 1 (1827). page 89.

— 6 —

7. La première chose à faire dans ce but, c'est de trouver les instants des syzygies et de reconnaître celles qui peuvent être écliptiques, c'est-à-dire celles où la lune a une latitude assez petite pour qu'il puisse y avoir éclipse. On a calculé diverses Tables propres à trouver aisément chaque conjonction moyenne; on peut avoir recours à la période *Saros*; les astronomes ont principalement employé les *épactes astronomiques* qui n'étaient autre chose que la distance angulaire de la lune au soleil au commencement de chaque année (midi du 1er janvier pour les années bissextiles, et du 31 décembre pour les années communes); en y ajoutant continuellement le mouvement moyen du soleil en 29 j. 12 h. 44 m. 3 s., on avait le lieu de la lune à l'instant de la conjonction. Au lieu de ces épactes angulaires, ils se servaient encore d'épactes en temps auxquelles on ajoutait la révolution synodique de la lune, pour avoir la conjonction. On trouve ainsi dans le VIe liv. de l'Almageste de Ptolémée des Tables des épactes astronomiques et des syzygies calculées pour 1125 ans; les astronomes postérieurs ont imité cet exemple. Les conjonctions moyennes que l'on obtenait ainsi devaient être transformées en conjonctions vraies pour pouvoir servir au calcul des éclipses.

On a aujourd'hui des moyens plus prompts et plus sûrs pour prédire les phases lunaires; on tire des Tables astronomiques ou des Éphémérides les lieux moyens ou vrais de la Lune et du Soleil pour midi et minuit de chaque jour; on peut donc conclure dans quel intervalle tombe la néoménie, ou la pleine lune, moyenne ou vraie. Pour en avoir l'époque précise, on suppose d'abord la marche de la lune uniforme et l'on obtient un résultat approché, pour lequel on calcule les longitudes du Soleil et de la Lune, en ayant égard pour le dernier de ces astres aux différences secondes et supérieures; on cherche plus exactement le mouvement horaire relatif, en tenant également compte des différences secondes et troisièmes, et l'on corrige le temps trouvé par le premier calcul; on cherche de nouveau les longitudes, et si elles ne satisfont pas encore à la phase, on s'en sert pour faire un nouveau calcul jusqu'à ce qu'on les ait exactement.

On pourra aussi faire ainsi que nous allons l'expliquer sur un exemple numérique : Soit proposé de trouver l'heure de la conjonction pour le 5 mai 1864. En nous servant des indications de la Connaissance des Temps, nous formerons d'abord le tableau suivant :

Jour.	Heure.	Longitude ☾	Δ	Δ²	Δ³	Δ⁴	Δ⁵
5 Mai	12	45° 28′ 38″,6	6° 47′ 20″,4	— 4′ 31″,0	— 9″,7	+ 4″,7	+ 0″,3
6 »	0	52 15 59 ,0	5 42 49 ,4	— 4 40 ,7	— 5,0	+ 5, 0	
	12	58 58 48 ,4	6 38 8 ,7	— 4 45 ,7	— 0		
7 »	0	65 36 57 ,1	6 33 23 ,0	— 4 45 ,7			
	12	72 10 20 ,1	6 28 37 ,3				
8 »	0	73 38 57 ,4					

En désignant alors par z le temps de la conjonction, compté à partir de 12 heures, la formule d'interpolation de Newton nous donne :

$$u = u_0 + A\left(\frac{z}{12}\right) + B\left(\frac{z}{12}\right)^2 + C\left(\frac{z}{12}\right)^3 + D\left(\frac{z}{12}\right)^4 + E\left(\frac{z}{12}\right)^5$$

$$A = \Delta - \tfrac{1}{2}\Delta^2 + \tfrac{1}{3}\Delta^3 - \tfrac{1}{4}\Delta^4 + \tfrac{1}{5}\Delta^5 = 6° \ 49' \ 31'',55 \qquad \frac{A}{12} = 34' \ 7'',63$$

$$B = \dots \tfrac{1}{2}\Delta^2 - \tfrac{1}{2}\Delta^3 + \tfrac{11}{24}\Delta^4 - \tfrac{5}{12}\Delta^5 = - \ 2 \quad 8,62 \qquad \frac{B}{12^2} = - \ 0,893$$

$$C = \dots \tfrac{1}{6}\Delta^3 - \tfrac{1}{4}\Delta^4 + \tfrac{7}{24}\Delta^5 = - \quad 2,70 \qquad \frac{C}{12^3} = - \ 0,0016$$

$$D = \dots \tfrac{1}{24}\Delta^4 - \tfrac{1}{12}\Delta^5 = + \quad 0,171$$

$$E = \dots \tfrac{1}{120}\Delta^5 = + \quad 0,0025$$

$$(a) \dots \text{Longit. } \mathbb{C} = (45° \ 28' \ 38'',6) + (34' \ 7'',63)\, z - 0'',893\, z^2,$$

les termes supérieurs étant insensibles.

Pour le Soleil, nous formerons un tableau analogue :

Jour.	Longitude $\odot$	Δ	Δ^2
5 Mai à midi	45° 11′ 51″,3	58′ 3″,2	— 1″,7
6 » »	46 9 54,5	58 1 ,5	
7 » »	47 7 56,0		

$$u = u_0 + A\left(\frac{12 + z}{24}\right) + B\left(\frac{12 + z}{24}\right)^2$$

$$A = \Delta - \tfrac{1}{2}\Delta^2 = 58' \ 4'',05 : B = \tfrac{1}{2}\Delta^2 = - 0,85$$

$$(b) \dots \text{Longit. } \odot = (45° \ 40' \ 53'',11) + 145,123\, z - 0,0015\, z^2$$

Pour trouver l'heure de la conjonction, on égalera les deux longitudes, ce qui conduit à l'équation
$$0,8915\, Z^2 - 1902,50\, Z + 734,51 = 0.$$

Elle donne comme première approximation, $z = \dfrac{734,51}{1902,50} = 0,386076,$

et pour correction $\dots + \dfrac{0,8915\, z^2}{1902,50} = + \underline{0,000070}$

Donc l'heure de la conjonction est $\dots$ 12 h., 386146.

En substituant à z sa valeur 0,386146, on trouve exactement pour la longitude commune du Soleil et de la Lune
$$45° \ 41' \ 49'',15,$$
ce qui dispense de toute nouvelle correction.

Ayant ainsi obtenu le temps exact de la syzygie dans le lieu pour lequel les Tables ont été construites, pour l'avoir en tout autre lieu, il suffit d'en retrancher ou d'y ajouter la différence des méridiens en temps, selon que le lieu est situé à l'Ouest ou à l'Est du premier endroit.

8. Pour s'assurer si lors d'une syzygie l'éclipse est possible, on fait usage des *termes écliptiques* ou *limites des éclipses*, avec lesquelles il suffit de chercher la latitude de la lune ou sa distance au nœud voisin. Les éléments qui servent de base à cette recherche sont les dimensions du cône tronqué lumineux circonscrit au soleil et à la terre, et celles des cônes d'ombre de la terre et de la lune, éléments que nous allons d'abord déterminer :

Soit (*fig.* 1) S le centre du soleil, T celui de la terre, et concevons le cône tangent à ces deux sphéroïdes : l'éclipse arrivera quand la lune viendra entrer dans ce cône.

Appelons R et r les demi-diamètres du soleil et de la lune tels qu'on les verrait du centre de la terre ; P et p leurs parallaxes horizontales, ou les angles sous lesquels, de ces deux astres, on verrait le demi-diamètre de la Terre. Puisque SA et TB sont perpendiculaires à la tangente ABC, on a SA $=$ ST sin R, TB $=$ ST sin P, et

$$\sin SCA = \frac{SA - TB}{ST} = \sin R - \sin P = 2 \sin \tfrac{1}{2}(R - P) \cos \tfrac{1}{2}(R + P).$$

On connaîtra donc le demi-angle C au sommet du cône d'ombre. Ordinairement on se contente de faire $C = R - P$, parce que les angles R et P sont très-petits ; l'erreur ne va pas à $0'',1$.

En prenant pour unité le rayon terrestre, la longueur du cône d'ombre projeté par la terre est

$$TC = \frac{1}{\sin SCA} = \frac{1}{\sin R - \sin P}.$$ On peut prendre, au lieu de cette valeur, la suivante :
$$\frac{1}{\sin (R - P)},$$ ou, en exprimant R et P en secondes, $$\frac{1}{(R - P) \sin 1''} ;$$ l'erreur commise est moindre que $0,0000222$ du rayon terrestre.

Cette longueur varie avec le diamètre apparent du soleil, ou avec sa distance à la terre ; relativement aux distances périgée, moyenne et apogée, on trouve pour R, P et ensuite pour CT les valeurs suivantes :

	R	P	Distance du centre de la terre au sommet du cône d'ombre.
Distance périgée	$16'\ 17'',79$	$8'',72$	$212,849$
» moyenne	$16\ \ 1,45$	$8,578$	$216,468$
» apogée	$15\ 45,50$	$8,43$	$220,117$

La plus grande distance de la lune à la terre n'est que de 64 rayons terrestres ; l'ombre projetée par la terre dans l'espace s'étend donc bien au delà de la lune.

Toutefois, si l'on tient compte de la réfraction des rayons solaires à travers l'atmosphère terrestre, il est aisé de voir que le cône d'ombre absolue est beaucoup plus limité. En effet, l'inflexion des rayons tangents à la surface de la terre est à peu près double de la réfraction horizontale qui est de $33'48''$; on peut donc regarder l'effet de l'atmosphère comme augmentant de $67'36''$ le demi-diamètre apparent du soleil ; le calcul nous fait alors voir que l'ombre absolue ne s'étend qu'à environ 42 rayons terrestres, de sorte qu'un observateur placé dans notre satellite n'aurait jamais d'éclipse totale de soleil, à moins cependant que d'épais nuages terrestres n'interceptent complétement la lumière de cet astre ; mais dans les circonstances ordinaires, le spectateur lunaire verrait le disque obscur de la terre entouré d'un anneau lumineux assez large dont la clarté augmenterait graduellement vers la circonférence extérieure. C'est là ce qui explique la teinte rougeâtre sous laquelle la lune se montre habituellement à nous lors des éclipses totales ; notre atmosphère joue ici le rôle d'une immense lentille qui concentre derrière elle un grand nombre de rayons solaires et les fait pénétrer dans le cône d'ombre pure.

9. Calculons de même la longueur du cône d'ombre projeté par la lune. Soient (*fig.* 2) S et L les centres du soleil et de la lune, K le sommet du cône d'ombre ; les triangles semblables SAK, LGK nous donnent la relation

$$LK = \frac{GL \times SL}{SA - GL}.$$

Or $SA = ST \sin R = \dfrac{\sin R}{\sin P}$; $\quad GL = LT \sin r = \dfrac{\sin r}{\sin p}$, $\quad SL = \dfrac{1}{\sin P} - \dfrac{1}{\sin p}$

Il vient donc

$$LK = \frac{\dfrac{\sin r}{\sin p}\left(\dfrac{1}{\sin P} - \dfrac{1}{\sin p}\right)}{\dfrac{\sin R}{\sin P} - \dfrac{\sin r}{\sin p}} = \frac{1}{\sin p}\left(\frac{\sin p - \sin P}{\dfrac{\sin R}{\sin r}\sin p - \sin P}\right).$$

Sous cette dernière forme, cette valeur nous montre que : Suivant que R sera plus petit que r, ou égal ou plus grand, LK sera supérieur, égal ou inférieur à $\dfrac{1}{\sin p}$ c'est-à-dire LT; en d'autres termes le sommet du cône d'ombre dépassera, atteindra ou n'atteindra pas le centre de la terre. Si l'on veut calculer la distance LK, il sera plus simple de se servir de la première expression, puisque

$$\frac{\sin R}{\sin P} = 112,09, \quad \frac{\sin r}{\sin p} = 0,2729, \text{ et par suite}$$

$$LK = \frac{0,2729}{111,82}\left(\frac{1}{\sin P} - \frac{1}{\sin p}\right) = 0,0024408\left(\frac{1}{\sin P} - \frac{1}{\sin p}\right).$$

On trouve ainsi, dans les circonstances extrêmes

	P	p	Longueur du cône d'ombre.	Distance de la lune au centre de la terre.
Soleil apogée ⟩ Lune périgée ⟩ · · · ·	8″,43	61′ 29″,9	59,58	55,90
Soleil périgée ⟩ Lune apogée ⟩ · · · ·	8,72	53 53,0	57,58	63,80

On voit que lorsque le cône d'ombre atteint sa plus grande longueur, son sommet dépassera de beaucoup la terre, puisqu'alors la lune est au périgée, et l'éclipse pourra être totale ; mais lorsque la lune est à l'apogée, le sommet du cône n'atteindra pas même la surface de la terre, vu que le point de cette surface le plus rapproché de la lune en est encore à 62,8 rayons terrestres. Dans ce dernier cas, les observateurs qui seront placés sur la ligne des centres des deux astres verront un anneau lumineux autour de la partie obscurcie du soleil; l'éclipse sera *annulaire* (Voy. n° 30).

10. Désignons par A la distance angulaire de la lune à l'axe du cône d'ombre, lors d'une opposition, à l'instant où le centre L de la lune entrera dans ce cône; on a (*fig.* 1),

$$A = LTC = ALT - LCT = p - (R - P) = p + P - R.$$

En calculant la valeur de cet angle pour la plus grande et la plus petite distance de la lune au soleil, on aura les résultats suivants :

	p	P	R	Demi-diamètre de l'ombre, A
Lune apogée, soleil périgée	53' 53",0	8",7	16' 17",8	37' 43",9
Lune périgée, soleil apogée	61 29, 9	8, 4	15 45, 5	45' 52, 8

Le plus grand demi-diamètre apparent de la lune n'étant que de 16' 45",53, on voit qu'il peut toujours être compris et enveloppé dans l'ombre terrestre qui l'excède même de beaucoup.

On a remarqué que dans les éclipses de lune, le diamètre apparent de l'ombre, déduit de l'observation, est plus grand que le diamètre calculé, effet que l'on attribue à l'absorption de la lumière par les couches inférieures de l'atmosphère terrestre. Pour tenir compte de cette augmentation, on a l'habitude d'ajouter au rayon de l'ombre son 60e, et de faire $A = \dfrac{61}{60}(p+P-R)$, ce qui donne pour les valeurs extrêmes de A : 38' 21",5 et 47' 37",7. Cette correction indiquée par T. Mayer, n'est qu'empirique ; d'ailleurs on sent bien que le contour de l'ombre pure ne peut jamais être bien tranché, tant à cause de la pénombre, qu'à cause du décroissement de densité de l'atmosphère et de son plus ou moins de transparence. A cause de cela même, ce serait vouloir pousser trop loin l'exactitude, que de chercher à tenir compte de l'aplatissement de la Terre dans la détermination de la figure de l'ombre.

Soit de même A' la distance angulaire L'TC que fait la lune avec l'axe SC au moment où son centre pénètre dans la *pénombre* terrestre, nous aurons

$$A' = B'L'T + B'C'T = B'L'T + B'AT + ATC' = p + P + R.$$

Les valeurs extrêmes de A' sont 1° 9' 45" et 1° 17' 57".

En comparant l'expression de A' avec celle de A, on trouve que la pénombre terrestre, dans la région de la lune, dépasse circulairement l'ombre pure de 2R, c'est-à-dire du diamètre apparent du soleil.

11. En désignant par B la distance angulaire de la lune à l'axe du cône lumineux, lors de la conjonction, au moment où le centre N de la lune entrera dans ce cône, on aura

$$B = STN = TNB + BCT = p + R - P.$$

Les valeurs extrêmes de cet angle B sont

$$1° 17' 40'' \quad \text{et} \quad 1° 9' 29'',5.$$

Si aux expressions de A et de B, on ajoute le demi-diamètre r de la lune, on aura la distance angulaire à l'axe du cône pour l'instant où le bord de la lune entrera dans ce cône ; ainsi

$$A + r = p + P - R + r, \text{ ou mieux } \tfrac{61}{60}(p + P - R) + r \text{ à l'opposition.}$$
$$B + r = p - P + R + r, \text{ ou encore } p - P + R + \tfrac{61}{60} r \text{ à la conjonction.}$$

On a ici augmenté le rayon r de son 60me, à cause de l'inflexion des rayons lumineux près de la lune ; mais cette correction n'est pas généralement admise par les astronomes.

12. Si la latitude de la lune, lors de l'opposition, est plus grande que le *maximum* de $A + r$, l'éclipse de lune est impossible ; si elle est plus petite que le *minimum* de cette même expression, l'éclipse est certaine. De même si, à la conjonction, la latitude de la lune surpasse le *maximum* de $B + r$, l'éclipse de soleil est impossible ; si elle est moindre que le *minimum*, l'éclipse est certaine ;

entre ces deux limites l'éclipse est douteuse. En mettant dans ces expressions les plus grandes et les moindres valeurs des variables p, P, r, R, on trouve les limites suivantes pour la latitude lunaire λ :

Éclipse de lune : Maximum 62′ 51″,65 ; Minimum 53′ 35″,17.

Éclipse de soleil : » 94′ 41″,26 » 84′ 25″,78.

La première quantité est donc la limite au delà de laquelle il ne peut y avoir éclipse ; la dernière est celle où l'on est sûr qu'il y en aura une. Si λ est entre ces limites, on est dans le doute, et il faudra faire un calcul plus détaillé pour savoir si le phénomène se produira.

L'usage ordinaire est d'exprimer ces limites, non pas par la latitude, mais par son *argument*, c'est-à-dire par la distance de la lune au nœud voisin. Cet argument dépend de l'inclinaison i de l'orbite, de telle manière qu'en appelant α l'argument de latitude, on a $\sin \alpha = \dfrac{\sin \lambda.}{\sin i.}$ Or la plus grande inclinaison étant $= 5°\ 17′\ 40″$ et la plus petite $5°\ 0′\ 3″$, on trouvera pour la plus grande et la plus petite valeur de α les nombres suivants :

pour l'*éclipse de lune :*

$$\sin \alpha = \frac{\sin 62′\ 51″,65}{\sin 5°\ 0′\ 3″}, \text{ d'où } \alpha = 12°\ 6′\ 29″, \text{ et } \sin \alpha = \frac{\sin 53′\ 35″,17}{\sin 5°\ 17′\ 40″}, \text{ d'où } \alpha = 9°\ 43′\ 30″$$

pour l'*éclipse de soleil :*

$$\sin \alpha = \frac{\sin 94′\ 41″,26}{\sin 5°\ 0′\ 3″}, \text{ d'où } \alpha = 18°\ 25′\ 2″, \text{ et } \sin. \alpha = \frac{\sin 84′\ 25″,78}{\sin 5°\ 17′\ 40″}, \text{ d'où } \alpha = 15°\ 26′\ 3″$$

Les limites données par Ptolémée ne sont pas bien différentes de celles-ci, bien qu'il supposât l'inclinaison de l'orbite lunaire constante ; il assigne dans les éclipses de lune les termes 12° 12′ et 10°50′, et dans celles de soleil 19° 25′ et 16° 42 ; *Tycho-Brahé* donne les limites 12° 36′ et 11° 12′ dans les éclipses de lune, et 18° 25′ et 17° 9′ dans celles de soleil ; enfin *Riccioli* admet les nombres 12° 50′ et 10° 0′ dans les premières, et 19° 49′, 15° 58″ dans les secondes.

13. Cherchons maintenant le *demi-diamètre du cône d'ombre projeté par la lune* à la distance de la terre, ainsi que celui de la *pénombre lunaire*.

Soient (*fig.* 2) O et C les points où l'axe du cône d'ombre rencontre la surface de la terre et le plan diamétral BB′ mené perpendiculairement à ST ; si en ces points, et en L nous supposons des perpendiculaires à l'axe LK, nous aurons :

$$\text{rayon de l'ombre en C} : \ldots \frac{\mathrm{LG}}{\mathrm{LK}} \times \mathrm{CK}$$

$$\text{rayon de l'ombre en O} : \ldots \frac{\mathrm{LG}}{\mathrm{LK}} \times (\mathrm{CK} + \mathrm{OC}).$$

Mais, d'après n° 9, $\dfrac{\mathrm{LG}}{\mathrm{LK}} = \dfrac{\sin p \sin \mathrm{R} - \sin \mathrm{P} \sin r}{\sin p - \sin \mathrm{P}}$;

$$\mathrm{CK} = \mathrm{LK} - \mathrm{LC} = \mathrm{LK} - \frac{1}{\sin p} = \frac{\sin r - \sin \mathrm{R}}{\sin p \sin \mathrm{R} - \sin \mathrm{P} \sin r} ; \text{ et par suite :}$$

$$\text{rayon de l'ombre en C} = \frac{\sin r - \sin \mathrm{R}}{\sin p - \sin \mathrm{P}}, \text{ ou à très-peu près } \frac{r - \mathrm{R}}{p - \mathrm{P}}$$

$$\text{rayon de l'ombre en O} = \frac{\sin r - \sin \mathrm{R}}{\sin p - \sin \mathrm{P}} + \frac{\sin p \sin \mathrm{R} - \sin \mathrm{P} \sin r}{\sin p - \sin \mathrm{P}} \times \mathrm{OC},$$

$$\text{ou plus simplement } \frac{r - \mathrm{R}}{p - \mathrm{P}} + \frac{p\, \mathrm{R} - \mathrm{P}r}{p - \mathrm{P}} \times \mathrm{OC} \sin 1″.$$

La plus grande valeur de l'expression $\dfrac{r - R}{p - P}$ a lieu quand le soleil est à l'apogée et la lune au périgée; alors

$$r = 16'\ 45'',53 \qquad R = 15°\ 45'',5 \qquad p = 61'\ 29'',9 \qquad P = 8'',4,$$

et l'on trouve, pour le rayon de l'ombre en C : 0,01636. A cette quantité il faut ajouter le second terme, dont la valeur est la plus grande possible si OC=1, et qui devient, dans ce cas, égal à 0,00458; on trouve par suite 0,02094 pour le rayon de l'ombre en O. Ainsi, quand les circonstances sont le plus favorables, *l'ombre lunaire couvre un espace dont la largeur n'est environ que la cinquantième partie de celle de l'hémisphère terrestre.*

La largeur de la *pénombre* projetée par la lune se calcule de la même manière que celle de l'ombre pure. On a d'abord

$$K'L = \frac{LG' \times SL}{SA + LG'} = \frac{\sin r}{\sin p} \left(\frac{\sin p - \sin P}{\sin p \sin R + \sin P \sin r} \right),$$

ensuite $K'C = \dfrac{1}{\sin p} + K'L = \dfrac{\sin r + \sin R}{\sin p \sin R + \sin P \sin r}$, et enfin

rayon de la pénombre en $C = \dfrac{LG'}{LK'} \times CK' = \dfrac{\sin r + \sin R}{\sin p - \sin P}$, ou plus simplement $= \dfrac{r + R}{p - P}$.

Dans le cas supposé plus haut, celui de la plus grande éclipse totale, la valeur de l'expression que nous venons de trouver est 0,530. Mais son maximum a lieu lorsque le soleil est au périgée et la lune à l'apogée; on obtient alors la valeur 0,5765. Ainsi, lorsque la pénombre lunaire vient frapper la terre, *sa largeur est un peu plus de la moitié de celle du disque terrestre, mais moindre que les 58 centièmes.*

14. Quand on s'est assuré qu'une éclipse de lune aura lieu, on en détermine les circonstances en calculant pour différents instants la distance de la lune au centre de l'ombre terrestre; lorsque cette distance est égale à la somme des demi-diamètres de la lune et de l'ombre, c'est le *commencement* ou la *fin* de l'éclipse; le milieu de l'éclipse a lieu quand cette distance est un *minimum;* si elle s'anéantit, l'éclipse est *centrale*. Les moments du commencement et de la fin étant déterminés, on a la *durée;* et quant à la grandeur, on la déduit aisément de la distance qui existe au milieu.

Le calcul des éclipses de soleil pour la terre en général se fait de la même manière; le diamètre apparent du cône lumineux dans la région de la lune est ici ce qu'était dans l'autre cas le diamètre de l'ombre : on obtient ainsi les circonstances de *l'éclipse générale*. Mais quand on se propose de déterminer la route que suivent sur notre globe l'ombre et la pénombre lunaires, quand on veut savoir quels sont les pays qui verront l'éclipse totale ou annulaire, ceux qui verront l'éclipse partielle de telle ou telle grandeur, la question se complique singulièrement; il en est de même lorsqu'il s'agit de l'éclipse pour un lieu donné sur la surface de la terre; cependant on sent que, dans ce dernier cas, le problème revient encore à calculer, pour des instants suffisamment rapprochés, la distance apparente de la lune et du soleil pour le point donné de la terre, tandis que dans l'autre question il s'agit de déterminer les lieux de la terre pour lesquels la plus grande distance apparente sera de telle ou telle grandeur, et par suite que ce dernier problème se rattache au précédent.

PREMIÈRE PARTIE.

SOLUTION ANALYTIQUE DU PROBLÈME GÉNÉRAL DES ÉCLIPSES ET DES OCCULTATIONS.

---

15. Nous commencerons par résoudre généralement le problème posé dans le n° précédent, savoir : *Trouver pour un instant quelconque la distance apparente des deux astres vus d'un point donné sur la surface de la terre;* puis nous examinerons en particulier le cas des éclipses de lune et de soleil, avec les diverses méthodes proposées pour en simplifier les calculs.

Prenons, avec Lagrange, trois plans coordonnés rectangulaires passant par le centre de la terre ; soient pour un instant quelconque X, Y, Z les coordonnées géocentriques du centre du premier astre, U sa distance au centre de la terre, x, y, z, u les quantités analogues pour le second astre, et ξ, η, ζ, ρ, les analogues pour le lieu de l'observateur; soient enfin U' et u' les distances des deux astres à l'observateur.

La droite menée de l'observateur au premier astre forme avec les trois axes coordonnés des angles dont les cosinus sont respectivement

$$\frac{X - \xi}{U'}, \quad \frac{Y - \eta}{U'}, \quad \frac{Z - \zeta}{U'};$$

pareillement les angles du rayon vecteur du second astre ont pour cosinus

$$\frac{x - \xi}{u'}, \quad \frac{y - \eta}{u'}, \quad \frac{z - \zeta}{u'},$$

et l'angle Δ', que ces deux lignes font entre elles sera donné par l'équation

$$(1)\dots\dots \cos \Delta' = \frac{(X - \xi)(x - \xi) + (Y - \eta)(y - \eta) + (Z - \zeta)(z - \zeta)}{U' u'}$$

Pour déterminer les auxiliaires U' et u', on a les équations

$$(2)\dots \begin{cases} U'^2 = (X - \xi)^2 + (Y - \eta)^2 + (Z - \zeta)^2 \\ u'^2 = (x - \xi)^2 + (y - \eta)^2 + (z - \zeta)^2. \end{cases}$$

Supposons maintenant que les abscisses X soient prises dans la ligne de l'équinoxe du printemps, les premières ordonnées Y perpendiculaires à cette ligne dans le plan de l'*équateur* et du côté de l'orient, et les secondes ordonnées Z perpendiculaires à ce plan du côté du pôle boréal. En nommant A et B l'ascension droite et la déclinaison du premier astre, a et b celles du second, α et β celles du zénith de l'observateur, on aura

$$\begin{aligned}
X &= U \cos A \cos B & x &= u \cos a \cos b & \xi &= \rho \cos \alpha \cos \beta \\
Y &= U \sin A \cos B & y &= u \sin a \cos b & \eta &= \rho \sin \alpha \cos \beta \\
Z &= U \sin B & z &= u \sin b & \zeta &= \rho \sin \beta
\end{aligned}$$

En substituant ces valeurs dans les équations (1) et (2), il vient

$$(3)\dots U' u' \cos \Delta' = \rho^2 + U u \left[\cos B \cos b \cos (A - a) + \sin B \sin b\right]$$
$$- U\rho\left[\cos B \cos \beta \cos(A - \alpha) + \sin B \sin \beta\right] - u\rho\left[\cos b \cos\beta \cos(a - \alpha) + \sin b \sin \beta\right]$$

$$(4)\dots\begin{cases}U'^2 = U^2 - 2\,U\rho\,[\cos B \cos \beta \cos (A - \alpha) + \sin B \sin \beta] + \rho^2 \\ u'^2 = u^2 - 2\,u\rho\,[\cos b \cos \beta \cos (a - \alpha) + \sin b \sin \beta] + \rho^2\end{cases}$$

16. Ces trois équations serviront à calculer pour chaque instant les distances angulaires des deux astres. Dans ces formules, α, ou l'ascension droite du milieu du ciel, est l'heure sidérale réduite en arc, à raison de $15°$ par heure; l'angle β est la latitude géocentrique de l'observateur, supposée boréale; elle se déduit facilement de la latitude vraie ou géographique.

En effet, soit (*fig.* 20, *pl.* I), APA′ le méridien elliptique du lieu M, MH la verticale (normale) en ce point, MHA est la latitude vraie l et MTA la latitude géocentrique β. Si pour un instant nous désignons par x et par y les coordonnées du point M et par a et b les demi-axes TA, TP de l'ellipse, nous aurons

$$\operatorname{tang} \beta = \frac{y}{x} \ ; \quad \operatorname{tang} l = \frac{a^2 y}{b^2 x} \quad \text{et par conséquent} \quad \operatorname{tang} \beta = \frac{b^2}{a^2}\operatorname{tang} l$$

Représentons par μ l'aplatissement des méridiens terrestres, on a $\mu = \dfrac{a - b}{a}, \ \dfrac{b}{a} = 1 - \mu$, et la formule précédente devient, en prenant pour unité le rayon équatorial :

$$(5)\dots \operatorname{tang} \beta = (1 - \mu)^2 \operatorname{tang} l$$

Quant au rayon TM $= \rho$, sa valeur est

$$\rho = \frac{1 - \mu}{\sqrt{1 - (2\,\mu - \mu^2)\cos^2\beta}} \ ,$$

ou bien, en développant le radical en série et en négligeant les puissances de μ supérieures à la deuxième :

$$(6)\dots \rho = 1 - \mu \sin^2\beta - \tfrac{3}{8}\mu^2 \sin^2 2\,\beta.$$

En fonction de la latitude vraie l, on aurait

$$(7)\dots \rho = \sqrt{\frac{1 + (1 - \mu)^4 \operatorname{tang}^2 l}{1 + (1 - \mu)^2 \operatorname{tang}^2 l}} \quad \text{ou} \quad \rho = 1 - \mu \sin^2 l + \tfrac{5}{8}\mu^2 \sin^2 2l.$$

Les quantités β et ρ se trouvent d'ailleurs toutes calculées dans certaines Tables, pour chaque degré de latitude l.

17. S'il s'agit d'une éclipse de soleil, les quantités A, B, a, b dans nos formules (3) et (4) sont les ascensions droites et déclinaisons du Soleil et de la Lune et se calculent directement par le moyen des Tables et des Éphémérides, de même que les distances géocentriques U, u; car en appelant P et p les parallaxes horizontales équatoriales du soleil et de la lune pour l'instant du calcul, on a

$$U = \frac{1}{\sin P} \ , u = \frac{1}{\sin p} \ .$$

Pour les occultations des planètes et les passages sur le disque du soleil, on trouve les rayons vecteurs tout calculés dans les Tables.

S'agit-il d'une occultation d'étoile par la lune ou une planète, U sera infini et les équations se réduiront à

$$u' \cos \Delta' = u\,[\cos B \cos b \cos (A - a) + \sin B \sin b] - \rho\,[\cos B \cos\beta \cos(A - \alpha) + \sin B \sin \beta]$$
$$u'^2 = u^2 - 2\,u\rho\,[\cos b \cos \beta \cos (a - \alpha) + \sin b \sin \beta] + \rho^2$$

Enfin pour les éclipses de lune ou des satellites de Jupiter, on pourra supposer l'observateur transporté au centre de la terre, c'est-à-dire faire $\rho = 0$, ce qui donne l'équation unique

$$(8)\dots \cos \Delta = \cos B \cos b \cos (A - a) + \sin B \sin b.$$

Seulement ici A et B sont l'ascension droite et la déclinaison de l'ombre.

Quand on voudra appliquer les formules données au calcul des circonstances d'une éclipse ou d'une occultation, on pourra commencer par faire une Table renfermant les quantités A, B, U, a, b, u, α pour des instants suffisamment rapprochés, de 10 minutes en 10 minutes par exemple, et on calculera les quantités U', u', Δ' pour ces mêmes instants ; alors, par une interpolation simple on en tirera l'époque où la distance Δ' serait d'une quantité assignée, telle, par exemple, que les bords des astres se touchent, ou que leurs centres soient le plus rapprochés possible.

Rien n'est d'ailleurs plus facile que d'obtenir les demi-diamètres apparents du soleil et de la lune ; car, si l'on désigne ces demi-diamètres apparents par R' et r' et par R et r les demi-diamètres vrais, on a évidemment

$$(9)\ldots\begin{cases}\dfrac{\sin R'}{\sin R} = \dfrac{U}{U'}\,,\ \dfrac{\sin r'}{\sin r} = \dfrac{u}{u'}\,,\text{ ou plus simplement}\\[2ex] R' = R \times \dfrac{U}{U'}\text{ et } r' = r \times \dfrac{u}{u'}\,.\end{cases}$$

18. On peut arriver aux équations fondamentales (3) et (4) d'une manière très-élémentaire par la simple trigonométrie.

Soient (*fig.* 4) S, L, T les centres du soleil, de la lune et de la terre, M le lieu de l'observateur, on a $TS = U$, $TL = u$, $MS = U'$, $ML = u'$, $MT = \rho$. L'angle LTS est la distance angulaire des deux astres vus du centre de la terre, angle que nous appelons Δ ; l'angle LMS est la distance apparente Δ' vue du point M ; l'angle STZ est la distance zénithale vraie du soleil ; nous la désignerons par Z, et par z la distance zénithale vraie de la lune LTZ.

Exprimons à l'exemple de M. Mahistre, la distance SL à l'aide des deux triangles STL, SML, nous aurons

$$SL^2 = U^2 + u^2 - 2\,Uu\cos \Delta = U'^2 + u'^2 - 2\,U'u'\cos \Delta',\text{ d'où l'on tire}$$
$$2\,U'u'\cos \Delta' = 2\,Uu\cos \Delta + (U'^2 - U^2) + (u'^2 - u^2).$$

Mais les triangles STM, LTM nous donnent aussi

$$U'^2 = U^2 + \rho^2 - 2\,U\rho\cos Z$$
$$u'^2 = u^2 + \rho^2 - 2\,u\rho\cos z$$

et l'équation ci-dessus devient

$$U'u'\cos \Delta' = Uu\cos \Delta - U\rho\cos Z - u\rho\cos z + \rho^2.$$

Pour déterminer les distances angulaires Δ, Z, z, considérons sur la sphère (*fig.* 5) les quatre points suivants : P le pôle de l'équateur, S et L les lieux vrais du Soleil et de la Lune, O le zénith vrai de l'observateur ; les distances de P aux trois derniers points sont respectivement égales à $90° - B$, $90° - b$, $90° - \beta$; l'arc $OS = Z$, $OL = z$, et $LS = \Delta$; enfin les angles LPS, OPS, OPL valent respectivement $A - a$, $A - \alpha$, $a - \alpha$. Cela posé

Le triangle LPS donne $\cos \Delta = \sin B \sin b + \cos B \cos b \cos (A - a)$..... (c'est l'éq. 8).

»   OPS   » $\cos Z = \sin B \sin \beta + \cos B \cos \beta \cos (A - \alpha)$

»   OPL   « $\cos z = \sin b \sin \beta + \cos b \cos \beta \cos (a - \alpha)$

Ces dernières valeurs étant substituées dans les trois équations précédentes, on retrouve identiquement les formules (3) et (4).

19. Quand on veut calculer une éclipse de lune, ou l'éclipse générale du soleil, c'est l'équation (8) qu'il faudra employer. Comme Δ est en général un très-petit angle, nous transformerons cette équation en une autre plus commode, en y remplaçant $\cos$ par $1 - \sin^2 \tfrac{1}{2}$, et il vient successivement

$$\cos \Delta = \cos (B - b) - 2 \sin^2 \tfrac{1}{2} (A - a) \cos B \cos b,$$
$$\sin^2 \tfrac{1}{2} \Delta = \sin^2 \tfrac{1}{2} (B - b) + \sin^2 \tfrac{1}{2} (A - a) \cos B \cos b.$$

Soient actuellement, à l'instant de la conjonction en ascension droite, R l'ascension droite du soleil et de la lune, μ et μ' les mouvements horaires en ascension droite du soleil et de la lune, D la déclinaison du soleil, D' celle de la lune, ν et ν' les mouvements horaires en déclinaison des deux astres, on aura pour t heures après la conjonction

$$A = \mathit{R} + \mu t, \quad a = \mathit{R} + \mu' t; \quad B = D + \nu t, \quad b = D' + \nu' t$$

et il vient

$$\sin^2 \tfrac{1}{2} \Delta = \sin^2 \tfrac{1}{2} [D' - D + (\nu' - \nu) t] + \sin^2 \tfrac{1}{2} (\mu' - \mu) t. \cos (D + \nu t) \cos (D' + \nu' t)$$

Mais t, ν et ν' sont en général des quantités assez petites pour que les facteurs $\cos (D+\nu t)$, $\cos (D'+\nu't)$ ne diffèrent pas d'une manière sensible de $\cos D$ et $\cos D'$; il sera donc permis de prendre, au lieu de l'équation précédente, celle-ci plus simple

$$(10)\ldots\ \sin^2 \tfrac{1}{2} \Delta = \sin^2 \tfrac{1}{2} [D' - D + (\nu' - \nu) t] + \sin^2 \tfrac{1}{2} (\mu' - \mu) t. \cos D \cos D'.$$

et qui donnera la distance Δ avec toute l'exactitude désirable.

Quand cette distance sera un *minimum,* on aura la *plus grande phase* de l'éclipse ; le temps correspondant à cette plus grande phase s'obtiendra donc en égalant à zéro la dérivée par rapport à t du second membre, et en résolvant l'équation qui en résulte. Cette équation serait

$$(11)\ldots\ (\nu' - \nu) \sin [D' - D + (\nu' - \nu) t] + (\mu' - \mu) \sin (\mu' - \mu) t \cos D \cos D' = 0$$

Mais on peut encore simplifier, en mettant à la place des sinus leurs arcs, et il vient, au lieu des deux dernières équations, les suivantes :

$$(12)\ldots\ \Delta^2 = [D' - D + (\nu' - \nu) t]^2 + (\mu' - \mu)^2 t^2 \cos D \cos D'$$

$$(13)\ldots\ \lceil (\nu' - \nu)^2 + (\mu' - \mu)^2 \cos D \cos D'] t + (\nu' - \nu) (D' - D) = 0.$$

La première de ces deux équations étant du second degré peut même être résolue par rapport à t, et elle fera connaître l'instant d'une phase quelconque, lorsqu'on mettra à la place de Δ la valeur convenable. Quant à la seconde, elle donne immédiatement la valeur de t correspondant au temps de la plus grande phase avec une approximation suffisante dans la pratique. Si on veut avoir ce temps plus exactement, on substituera dans l'équation (11), ou $f(t)=0$, cette valeur approchée t_1; admettons que le premier membre, au lieu de zéro, devienne égal à ε, et soit $t_1 + \theta$ le temps qui l'annule rigoureusement, de sorte que $f(t_1 + \theta) = 0$. Développons par la série de Taylor; il viendra, en nous arrêtant au second terme

$$f(t_1) + \theta f'(t_1) = 0, \text{ d'où, vu que } f(t_1) = \varepsilon$$

$$\theta = - \frac{\varepsilon}{f'(t_1)}$$

c'est-à-dire : $\theta = \dfrac{- \varepsilon}{(\nu' - \nu)^2 \cos [D' - D + (\nu' - \nu) t_1] + (\mu' - \mu)^2 \cos (\mu' - \mu) t_1 \cos D \cos D'}$

On connaîtra donc la correction, et par suite le temps exact de la plus grande phase. Quant à la plus courte distance elle-même, on la calculera par l'équation (10) ou l'équation (12), selon le degré d'exactitude que l'on veut atteindre. C'est par un procédé analogue que l'on pourra déterminer, avec toute la rigueur désirable, l'instant d'une phase quelconque, par exemple celui du commencement ou de la fin de l'éclipse.

On pourrait faire les mêmes calculs par les longitudes et les latitudes, c'est-à-dire prendre pour plan des XY celui de l'écliptique au lieu de celui de l'équateur; on aurait par là l'avantage de pouvoir négliger la latitude du soleil qui atteint rarement $1''$; mais dans ce cas les coordonnées de l'observateur exigent une transformation qui complique les formules générales, ainsi qu'on le verra dans la méthode de Lagrange que nous allons exposer dans un instant.

Toutefois dans le cas de l'éclipse générale de soleil, ou de l'éclipse de lune, cet inconvénient n'existe plus ; et l'équation (8) se réduit à celle-ci :
$$(8\,\text{bis})\ldots\ldots\ldots \cos \Delta = \cos (m - m') \, t \cos (\lambda + nt),$$
dans laquelle λ est la latitude de la lune à l'instant de la syzygie, n son mouvement horaire en latitude, m et m' les mouvements horaires de la lune et du soleil en longitude. Nous retrouverons cette équation plus loin et nous verrons le parti qu'on peut en tirer.

Méthode de Lagrange (1).

20. Cet illustre géomètre commence par exprimer les coordonnées géocentriques du lieu vrai d'un astre quelconque en fonction de sa longitude, de sa latitude et de sa distance *vraies*, et les coordonnées du lieu apparent de l'astre en fonction des mêmes éléments et des coordonnées du lieu de l'observateur.

En désignant par a et b la longitude et la latitude de l'astre, par u sa distance au centre de la terre, par α l'ascension droite du zénith et par β la latitude géocentrique de l'observateur, par ρ le rayon terrestre qui y correspond, et enfin par ω l'obliquité de l'écliptique, on a

Coordonnées du lieu vrai de l'astre :	*Id. du lieu apparent :*	*Coordonnées de l'observateur :*
$x = u \cos a \cos b$	$x' = x - \xi$	$\xi = \rho \cos \alpha \cos \beta$
$y = u \sin a \cos b$	$y' = y - \eta$	$\eta = \rho (\sin \alpha \cos \beta \cos \omega + \sin \beta \sin \omega)$
$z = u \sin b$	$z' = z - \zeta$	$\zeta = \rho (\sin \beta \cos \omega - \sin \alpha \cos \beta \sin \omega)$

Toutes ces coordonnées sont rapportées au plan de l'écliptique pour plan des XY, l'équinoxe du printemps étant l'axe des X.

Pour donner plus de généralité à ces formules, Lagrange fait un changement de coordonnées, en supposant l'axe des X dirigé vers un point quelconque du ciel dont la longitude est θ et la latitude φ, l'axe des Y perpendiculaire à celui-ci dans le plan de l'écliptique et l'axe de Z perpendiculaire aux deux premiers dans l'hémisphère boréal. Appelant ul, um, un les nouvelles coordonnées, les formules de transformation sont :
$$ul = (x \cos \theta + y \sin \theta) \cos \varphi + z \sin \varphi$$
$$um = y \cos \theta - x \sin \theta$$
$$un = z \cos \varphi - (x \cos \theta + y \sin \theta) \sin \varphi$$

Pour avoir les coordonnées du lieu apparent, il n'y a qu'à mettre $x - \xi$ au lieu de x, etc., de sorte que si l'on pose pour abréger
$$\rho\lambda = (\xi \cos \theta + \eta \sin \theta) \cos \varphi + \zeta \sin \varphi$$
$$\rho\mu = \eta \cos \theta - \xi \sin \varphi$$
$$\rho\nu = \zeta \cos \varphi - (\xi \cos \theta + \eta \sin \theta) \sin \varphi, \text{ et } \frac{\rho}{u} = \pi$$

---

(1) Connaissance des Temps pour 1817, page 237.

Ces nouvelles coordonnées, que nous désignerons comme les précédentes en les marquant d'un accent, seront

$$u' \, l' = u \, (l - \pi \lambda)$$
$$u' \, m' = u \, (m - \pi \mu)$$
$$u' \, n' = u \, (n - \pi \nu).$$

Remarquons 1° : que la quantité π n'est autre chose que le sinus de la parallaxe horizontale relative à l'observateur ; 2° que l'on a entre les diverses coordonnées les relations suivantes :

$$\xi^2 + \eta^2 + \zeta^2 = \rho^2, \ l^2 + m^2 + n^2 = 1, \ \lambda^2 + \mu^2 + \nu^2 = 1, \ l'^2 + m'^2 + n'^2 = 1$$

Et 3° enfin, que si l'on ajoute les carrés des trois dernières coordonnées, on obtient l'équation

$$(14) \ldots \ \frac{u'}{u} = \sqrt{1 - 2\pi \, (l\lambda + m\mu + n\nu) + \pi^2}$$

qui servira à déterminer la distance apparente de l'astre par sa distance vraie.

Si maintenant on remplace dans les formules précédentes x, y, z par leurs valeurs en longitudes et latitudes, il viendra

$$\begin{cases} l = \cos (a - \theta) \cos b \cos \varphi + \sin b \sin \varphi \\ m = \sin (a - \theta) \cos b \\ n = \sin b \cos \varphi - \cos (a - \alpha) \cos b \sin \varphi \end{cases}$$

$$\begin{cases} \lambda = (\cos \alpha \cos \beta \cos \theta + \sin \alpha \cos \beta \cos \omega \sin \theta + \sin \beta \sin \omega \sin \theta) \cos \varphi + (\sin \beta \cos \omega - \sin \alpha \cos \beta \sin \omega) \sin \varphi \\ \mu = \sin \alpha \cos \beta \cos \omega \cos \theta + \sin \beta \sin \omega \cos \theta - \cos \alpha \cos \beta \sin \theta \\ \nu = (\sin \beta \cos \omega - \sin \alpha \cos \beta \sin \omega) \cos \varphi - (\cos \alpha \cos \beta \cos \theta + \sin \alpha \cos \beta \cos \omega \sin \theta + \sin \beta \sin \omega \sin \theta) \sin \varphi \end{cases}$$

21. Cela fait, Lagrange suppose à la sphère céleste, dont il prend le rayon pour unité, un plan tangent au point O vers lequel est dirigé l'axe des abscisses ul, et sur ce plan, qui est évidemment parallèle au plan des coordonnées ZY, il projette les lieux vrais et apparents des astres par des droites issues du centre de la sphère céleste ou de la terre. En menant par le point O (*fig.* 6) deux droites perpendiculaires entre elles, l'une DE représentera la trace du cercle de latitude du point O ou la trace du plan ZX, et l'autre GH sera la trace du grand cercle qui a été pris pour plan des XY.

Soit P la projection géocentrique de l'astre, et PF la perpendiculaire abaissée de ce point P sur GH ; il est clair que si l'astre se trouvait dans le plan de projection même, ses coordonnées rectangles seraient 1, FO, PF ; si l'astre est hors du plan de projection, mais toujours sur le rayon TP, ses coordonnées seront plus grandes ou plus petites, mais conserveront toujours entre elles le même rapport. Si donc k désigne une quantité indéterminée, ces coordonnées pourront être représentées par k, $k \times$ FO, $k \times$ PF. Mais les coordonnées du lieu vrai de l'astre sont ul, um, un ; on a donc $k = ul$, et par suite FO $= \dfrac{m}{l}$, PF $= \dfrac{n}{l}$.

Appelons maintenant x l'abscisse et y l'ordonnée du lieu vrai de l'astre dans le plan de projection (1), nous aurons

$$x = \frac{m}{l}, \ y = \frac{n}{l}.$$

---

(1) Il ne faudra pas confondre ces x et y dont nous nous servirons dorénavant, avec les quantités qui ont été désignées par les mêmes lettres dans le numéro précédent.

Le lieu apparent P' du même astre dans le plan de projection aura pareillement pour coordonnées

$$x' = \frac{m'}{l'} = \frac{m - \pi\mu}{l - \pi\lambda} \,,\ y' = \frac{n'}{l'} = \frac{n - \pi\nu}{l - \pi\lambda} \,.$$

Soit un deuxième astre dont le lieu vrai sur le plan de projection est Q, et le lieu apparent Q'; nous obtiendrons ses coordonnées d'une manière absolument semblable et nous emploierons des lettres majuscules pour désigner les mêmes quantités que précédemment. Ainsi nous appellerons A et B la longitude et la latitude de l'astre Q ; L, M, N ce que deviennent l, m, n en y changeant a en A, b en B ; π le sinus de la parallaxe horizontale de l'astre Q relativement à l'observateur; les quantités λ, μ, ν, restent les mêmes pour les deux astres, vu qu'elles sont indépendantes de a et de b.

Cela posé, si nous considérons le triangle rectiligne TPQ formé par les droites allant du centre de la terre T aux projections P, Q des deux astres, et la distance P Q, l'angle Δ sera donné par la formule

$$\cos \Delta = \frac{TP^2 + TQ^2 - PQ^2}{2\,TP \times TQ} \,.$$

Or, comme la distance TO est prise pour unité, il est évident que l'on a

$$TP = \sqrt{1 + OP^2} = \sqrt{1 + x^2 + y^2}$$
$$TQ = \sqrt{1 + OQ^2} = \sqrt{1 + X^2 + Y^2}$$
$$\text{et } PQ^2 = (X - x)^2 + (Y - y)^2$$

En substituant et réduisant, il viendra $\cos \Delta = \dfrac{1 + Xx + Yy}{\sqrt{1 + X^2 + Y^2}\,\sqrt{1 + x^2 + y^2}}$

et par suite

$$(15)\quad \tan \Delta = \frac{\sqrt{(X - x)^2 + (Y - y)^2 + (Xy - Yx)^2}}{1 + Xx + Yy}$$

Pour avoir l'expression de la tangente de la *distance apparente* Δ' des deux astres, on n'a qu'à marquer toutes les lettres d'un accent.

22. Pour appliquer les formules précédentes au calcul des éclipses de soleil, on profitera de l'indétermination de θ et de φ pour les simplifier ; on prendra donc le plan de projection perpendiculaire à l'écliptique, et tangent au cercle de latitude du soleil. Les lettres majuscules représentant les éléments solaires, on a

$$B = 0\,,\ \varphi = 0\,,\ \theta = A\,;\ \text{et posant } (a - A) = t,\ \text{il viendra}$$

$l = \cos t \cos b$	$L = 1$		$X = 0$	$X' = -\dfrac{\Pi\mu}{1 - \Pi\lambda}$
$m = \sin t \cos b$	$M = 0$			
$n = \sin b$	$N = 0$		$Y = 0$	$Y' = -\dfrac{\Pi\nu}{1 - \Pi\lambda}$

Comme Π est le sinus de la parallaxe horizontale du Soleil, les quantités X' et Y' sont nécessairement très-petites; cette circonstance permet de simplifier l'expression de $\tan \Delta'$, en y négligeant différents termes comme absolument insensibles. Lagrange discute alors, dans une analyse savante (1), que l'on ne commettra pas une erreur d'un dixième de seconde en prenant pour $\tan \Delta'$, au lieu de l'expression trouvée plus haut, la suivante :

---

(1) Ibid. § 25, p. 234.

$$\tan \Delta' = \sqrt{(x' - X')^2 + (y' - Y')^2}$$

et celle-ci, à l'aide de quelques nouvelles simplifications, pourra se réduire d'abord à

$$(16) \ldots\ldots \tan \Delta' = \frac{\sqrt{[m - \mu (\pi - \Pi l)]^2 + [n - \nu (\pi - \Pi l)]^2}}{l - \pi \lambda}$$

et finalement à

$$(17) \ldots\ldots \tan \Delta' = \frac{\sqrt{[\sin l \cos b - \sin \mu (p - P)]^2 + [\sin b - \sin \nu (p - P)]^2}}{\cos l \cos b - \sin \lambda p}$$

Dans cette expression, b est la latitude de la Lune, l l'excès de la longitude de la Lune sur celle du Soleil; p et P les parallaxes horizontales des deux astres (ou les angles dont π et Π sont les sinus). Les coefficients λ, μ, ν sont des quantités qui dépendent uniquement de la longitude du Soleil, et des angles α et β relatifs à la position de l'observateur.

Lorsqu'on ne voudra pas pousser la précision jusqu'aux secondes de degrés, on pourra même remplacer les sinus des petits angles par leurs arcs et les cosinus par l'unité, ce qui donnera

$$(18) \ldots\ldots\ldots\ldots \Delta' = \frac{\sqrt{[l - \mu (p - P)]^2 + [b - \nu (p - P)]^2}}{1 - \sin \lambda p},$$

mais pour être sûr des secondes, il faudra toujours avoir recours à la précédente formule.

23. Pour avoir l'instant précis du commencement de l'éclipse, on devra tenir compte de l'augmention du diamètre apparent de la Lune, et voici comment Lagrange introduit cet élément dans ses formules (il le néglige pour le Soleil).

Comme on l'a dit au n° 17, on a

$$\sin r' = \sin r \, \frac{u}{u'}.$$

Or l'équation (14) trouvée plus haut revient à

$$\frac{u'}{u} = \sqrt{(l - \pi \lambda)^2 + (m - \pi \mu)^2 + (n - \pi \nu)^2}$$

et, d'un autre côté, l'équation (16) donne

$$\sqrt{[m - \mu (\pi - \Pi l)]^2 + [n - \nu (\pi - \Pi l)]^2} = (l - \pi \lambda) \tan \Delta'.$$

Si l'on néglige ici les termes $\Pi l \mu$, $\Pi l \nu$, l'erreur qui en résultera sera plus petite que $\Pi l \sqrt{\mu^2 + \nu^2}$ ou $\Pi l \sqrt{1 - \lambda^2}$, quantité moindre que Π ou $\sin 8'' \frac{1}{2}$; cette erreur sera donc presque inappréciable. On aura par conséquent

$$\frac{u'}{u} = (l - \pi \lambda) \sqrt{1 + \tan^2 \Delta'} = \frac{l - \pi \lambda}{\cos \Delta'} \, , \text{ et enfin}$$

$$\sin r' = \frac{\sin r \cos \Delta'}{l - \pi \lambda}$$

Cela posé, soit R le demi-diamètre horizontal du Soleil donné par les Tables; il est clair que pour le commencement et la fin de l'éclipse on aura $r' = \Delta' - R$; en substituant cette valeur dans l'équation précédente, il vient :

$$\frac{\sin r \cos \Delta'}{l - \pi \lambda} = \sin \Delta' \cos R - \cos \Delta' \sin R, \quad \text{d'où l'on tire}$$

$$\mathrm{tang}\ \Delta' = \mathrm{tang}\ \mathrm{R} + \frac{\sin r}{(l - \pi\lambda)\cos \mathrm{R}}$$

et, en mettant pour $\mathrm{tang}\ \Delta'$ sa valeur (*éq.* 17), on obtient

$$(18)\ldots\ \left[\frac{\sin r}{\cos \mathrm{R}} + (\cos t \cos b - \sin \lambda p)\,\mathrm{tang}\,\mathrm{R}\right]^2 = \left[\sin t \cos b - \sin \mu\,(p - \mathrm{P})\right]^2 + \left[\sin b - \sin \nu\,(p - \mathrm{P})\right]^2$$

Cette équation pourra servir à calculer l'instant précis du commencement ou de la fin de l'éclipse, ou encore, ces instants étant connus par l'observation, elle servira à déterminer les différences de longitude des différents lieux de la terre et à corriger en même temps les éléments de la théorie lunaire.

Ce serait ici le lieu de parler de quelques autres méthodes générales, notamment de celle de M. Mahistre ; mais comme elles nous entraîneraient à des détails qui trouveront mieux leur place dans les chapitres suivants, nous nous réservons de les exposer plus loin, et nous allons aborder l'examen des méthodes particulières, proposées en vue de simplifier la solution du problème qui se pose selon le point de vue sous lequel on envisage la question.

DEUXIÈME PARTIE.

DES ÉCLIPSES DE LUNE.

---

24. Pour calculer avec plus de facilité les circonstances d'une éclipse de Lune, les astronomes ont imaginé de supposer fixes la Terre et le Soleil, ou l'axe du cône d'ombre, et de n'attribuer qu'à la Lune un mouvement égal à la différence des mouvements de cet astre et du Soleil; c'est-à-dire, de substituer au mouvement vrai de la Lune un mouvement *relatif* avec lequel cet astre s'éloigne ou se rapproche du Soleil. De plus, la durée de l'éclipse n'étant que de quelques heures, on peut sans erreur sensible supposer le mouvement de la Lune rectiligne et uniforme pendant cette durée, ce qui simplifie considérablement le problème.

Soit (*fig.* 7) NE l'écliptique, NLB l'orbite vraie de la Lune, O le point de l'écliptique opposé au Soleil, ou le centre de l'ombre; L le lieu de la Lune à l'opposition, OL la latitude λ de cet astre à cet instant. Une heure plus tard le Soleil sera passé en O' et la Lune en L', et la distance des deux astres sera devenue L'O'. Pour que la position du centre de l'ombre puisse être regardée comme immobile, il faut ramener O' et L' parallèlement de la quantité $L'l = O'O =$ mouvement horaire m' du Soleil en longitude. La droite Ll représentera l'*orbite relative* que la Lune semble décrire pendant l'éclipse par rapport au Soleil, et que l'on pourra, par conséquent, substituer à l'orbite vraie. Cette orbite relative est déterminée par les conditions de passer par le point L, lieu vrai de la Lune à l'opposition; d'avoir pour mouvement horaire en longitude $LG - L'l = m - m'$, différence des mouvements horaires de la Lune et du Soleil, et d'avoir $lg = L'G = n =$ mouvement horaire vrai en latitude.

Soit donc θ l'angle LN'E, inclinaison de l'orbite relative sur l'écliptique, cet angle sera connu par l'équation

$$(19)\dots\dots \tang\theta = \frac{n}{m - m'}$$

et le mouvement horaire composé sur l'orbite relative sera

$$Ll = \frac{m - m'}{\cos\theta} = \frac{n}{\sin\theta}.$$

La perpendiculaire OM sur l'orbite N'l détermine le lieu M du centre de la Lune à l'instant du milieu de l'éclipse; or, le triangle rectangle OLM donne :

$$LM = \lambda\sin\theta, \quad OM = \lambda\cos\theta.$$

Le temps employé à décrire le chemin LM est donné par cette proportion : Si $Ll = \dfrac{n}{\sin\theta}$ est décrit en 1 h., LM le sera en T heures, ou $\dfrac{n}{\lambda\sin^2\theta} = \dfrac{1}{T}$, d'où

intervalle de temps entre l'opposition et le milieu de l'éclipse $T = -\dfrac{\lambda\sin^2\theta}{n} = -\dfrac{\lambda\sin\theta\cos\theta}{m - m'}$

et, si l'on veut que ce temps soit exprimé en secondes, on n'a qu'à multiplier par 3600^s, ce qui donne

$$(20)\ldots\ldots\ldots T = -\frac{3600^s\,\lambda\,\sin^2\theta}{n} = -\frac{1800^s\,\lambda\,\sin 2\theta}{m - m'}$$

Nous avons mis le signe — parce que, dans notre figure, nous avons supposé que le milieu arrivait avant l'opposition ; le contraire a lieu lorsque n ou θ est négatif ; ou bien quand la latitude λ est australe avec n positif. Au reste, le jeu des signes de λ, θ, n, suffit pour tenir compte de toutes ces circonstances.

25. Pour trouver le commencement et la fin de l'éclipse, soit décrit un cercle autour du point O (*fig. 8*) avec un rayon OA $= \frac{61}{60}\,(p + P - R) = A$ (n° 10) ; ce sera la section du cône d'ombre. Avec les rayons OC $=$ OF $= A + r$ marquons les points C, F sur l'orbite relative ; ce seront ceux du commencement et de la fin de l'éclipse (n° 11) ; et les triangles rectangles COM, FOM donneront

MC $=$ MF $= \sqrt{(A + r)^2 - \lambda^2\cos^2\theta}$. En désignant par φ l'angle MCO ou MFO, on a

$$(21)\ldots\ldots\ldots \sin\varphi = \frac{\lambda\cos\theta}{A + r}.$$

et par suite MC $=$ MF $= (A + r)\cos\varphi$.

Le temps nécessaire à décrire l'arc MC ou MF, ou la *demi-durée* t de l'éclipse est $\dfrac{\text{MC}\cos\theta}{m - m'}$ ou

$\dfrac{\text{MC}\sin\theta}{n}$; et, en multipliant par 3600, afin de convertir t en secondes, on a

$$(22)\ldots\ldots \textit{demi-durée de l'éclipse} : t = \frac{3600^s\,(A + r)\cos\theta\cos\varphi}{m - m'} = \frac{3600^s\,(A + r)\sin\theta\cos\varphi}{n}$$

Ainsi : temps du commencement $=$ temps du milieu T $- \frac{1}{2}$ durée t

temps de la fin $\qquad=$ temps du milieu T $+ \frac{1}{2}$ durée t.

Si OM, ou $\lambda\cos\theta$, est plus grand que $A + r$, l'éclipse n'aura pas lieu ; si $\lambda\cos\theta = A + r$, la lune ne fera qu'effleurer le cône d'ombre, sans y entrer, il y aura *appulse*, le temps du commencement et de la fin se confondent avec celui du milieu.

L'éclipse ne sera que *partielle* si OM ou $\lambda\cos\theta$ est compris entre $A - r$ et $A + r$; la plus grande quantité éclipsée est E $= A + r - \lambda\cos\theta$, ou, en prenant le diamètre lunaire pour unité,

$$E = \frac{A + r - \lambda\cos\theta}{2\,r}.$$

Le plus ordinairement, on exprime la quantité de l'éclipse en *doigts*, ou douzièmes du diamètre lunaire, en sorte que si δ est le nombre de ces doigts on a $\delta = \dfrac{6}{r}\,(A + r - \lambda\cos\theta)$. Les Grecs, avant Ptolémée, avaient une autre manière d'estimer la grandeur d'une éclipse : leurs doigts écliptiques étaient des douzièmes de la surface du disque lunaire, ce qui était plus exact, mais allongeait inutilement le calcul.

Si OM ou $\lambda\cos\theta = A - r$, il y aura *éclipse totale sans demeure* ; dans ce cas MC $=$ MF

$= 2\sqrt{Ar}$ et $t = \dfrac{7200^s\,\sqrt{Ar}\,.\cos\theta}{m - m'}$.

Si OM ou $\lambda\cos\theta < A - r$, l'éclipse est *totale avec demeure* dans l'ombre, et enfin si $\lambda\cos\theta = o$, c'est-à-dire si l'opposition arrive dans le nœud, l'éclipse est totale et *centrale ;* la demi-durée dans ce cas est

$$l = \frac{3600^s \, (A + r) \cos \theta}{m - m'} = \frac{3600^s \, (A + r) \sin \theta}{n} \, .$$

26. Quand l'éclipse peut être totale, on aura les instants de l'*immersion* et de l'*émersion totales*, en mettant dans les formules du n° précédent A — r à la place de A + r, ce qui donnera :

$$\sin \varphi' = \frac{\lambda \cos \theta}{A - r}$$

demi-durée de l'éclipse totale : $l' = \dfrac{3600^s \, (A - r) \cos \theta \cos \varphi'}{m - m'}$, ou $\dfrac{3600^s \, (A - r) \sin \theta \cos \varphi'}{n}$,

L'instant où la Lune touchera extérieurement ou intérieurement la *pénombre* se trouvera en remplaçant dans les expressions trouvées ci-dessus A par A' ou A + 2 R (n° 10).

Lorsque la lune en P sera éclipsée de δ doigts, la partie du diamètre IK sera $= \dfrac{\delta}{6} \, r$, la distance des centres OP $= A + \dfrac{6 - \delta}{6} \, r$, et la distance à l'opposition LP $= \sqrt{\left(A - \dfrac{6 - \delta}{6} \, r \right)^2 - \lambda^2 \cos^2 \theta}$

et l'on aura pour l'instant de la phase de δ doigts $\pm \dfrac{3600^s \cos \theta}{m - m'} \sqrt{\left(A - \dfrac{6 - \delta}{6} \, r \right)^2 - \lambda^2 \cos \theta}$,

+ ou — selon que la phase arrive après ou avant le milieu.

C'est d'une manière à peu près semblable que les anciens sont parvenus à calculer les éclipses de lune. Cependant l'idée de l'orbite relative ne remonte pas aux premiers astronomes connus; Ptolémée, par exemple, supposait l'inclinaison de l'orbite lunaire constante de 5°, et il calculait avec les seuls éléments de la Lune, la quantité de l'éclipse OM, et les demi-cordes CM et MF, C'M et MF', correspondant au commencement et à la fin de l'éclipse partielle ou totale; il augmentait ensuite ces dernières distances de leur douzième, pour tenir compte du déplacement du Soleil, lequel est environ 12 fois moindre que celui de la Lune. (1)

27. On peut, par une opération graphique, déterminer toutes les circonstances d'une éclipse de Lune, avec une précision suffisante pour donner une première approximation de ce phénomène, et se préparer à l'observation. (2)

Soit (*fig.* 8), EH l'écliptique et O le centre du cône d'ombre à l'opposition. Prenez sur une certaine échelle, par exemple, à raison de 2 millimètres par minute de degré, une longueur égale à A $= \frac{61}{60} \, (p + P — R)$, (n° 10), et décrivez le cercle AOB qui représente la section de ce cône à la distance où il est traversé par la Lune. Portez à droite et à gauche de O les longueurs OD, OE égales au mouvement horaire $m - m'$ sur l'écliptique; en O, D, E élevez des perpendiculaires qui représenteront des cercles de latitude, et portez-y les longueurs OL $= \lambda$, D$d = \lambda - n$, E$e = \lambda + n$,

---

(1) Pour connaître en détail les méthodes anciennes, on peut consulter *Ptolémée*, Almag., lib. 6; — *Théon*, d'Alexandrie, Commentaire sur la Syntaxe mathém. de Ptolémée. (Cet auteur donne les détails du calcul d'une conjonction et d'une éclipse de lune arrivée l'an 364 de J.-C.) — *Riccioli*, Almag. nov. T. I, lib. V, cap. 6; — *Bailly*, hist. de l'Astron. moderne, T. I, Eclairciss. p. 545; — *Delambre*, hist. de l'Astron. ancienne, T. II, p. 223, 235, 588, etc.

(2) Auteurs qui parlent de cet artifice : *Ptolémée*, Almag., lib., 6, cap. 15; *Albategnius*, de scientia stellarum, cap. 45; *Purbachius*, propos. 17, de eclipsibus; *Tycho*, T. I, p. 1311; *Longomontanus*, in Astron. danica, p. 509; *Regiomontanus*, in schemato et notis ad Albategnii, cap. 45; *Riccioli*, lib. V, cap. 7; etc., etc.

latitudes de la Lune à l'opposition, une heure avant et une heure après ; les signes de ces quantités indiqueront naturellement le sens dans lequel ces longueurs devront être portées. La ligne *dLe* représentera l'*orbite relative* que la Lune parcourra dans le sens de *d* vers *e*.

Divisez les intervalles L*d* et L*e* en 4 ou 12 parties égales, pour marquer les quarts-d'heure ou les cinq minutes, et comptées à partir de l'instant de l'opposition, et continuez les mêmes divisions au delà des points *d* et *e*. Il ne reste plus qu'à marquer sur l'orbite les positions du centre de la Lune pour les cinq époques principales de l'éclipse (si, comme nous le supposons, celle-ci est totale avec demeure) ; le milieu s'obtient en abaissant la perpendiculaire OM sur l'orbite ; les points C et F du commencement et de la fin de l'éclipse se déterminent en coupant l'orbite avec un rayon OC ou OF, égal à A $+ r$, et enfin les points C′ et F′ du commencement et de la fin de l'immersion totale, à l'aide d'un rayon OC′ ou OF′, égal à A $- r$. On lira immédiatement sur l'orbite divisée le temps qui sépare le moment du phénomène d'avec celui de l'opposition, et comme on connaît l'heure de l'opposition pour le lieu du calcul, on connaîtra également l'heure à laquelle arrive chacune des phases mentionnées, ainsi que la durée de l'éclipse générale et de l'éclipse totale.

Si, autour de la position de la Lune à un instant quelconque, on décrit une circonférence avec *r* pour rayon, la portion commune à ce cercle et au disque d'ombre indiquera la phase correspondante de l'éclipse ; et pour avoir le nombre de doigts éclipsés, il suffit de diviser le rayon *r* en 6 parties égales. De plus, cette construction, faite pour le commencement de l'éclipse, fera encore connaître le point du disque lunaire qui sera le premier entamé par l'ombre, point que l'on rapportera au diamètre vertical de la lune, ainsi que nous l'expliquerons en parlant de l'éclipse de soleil.

28. A l'aide d'un globe, il est aisé de trouver tous les lieux qui voient la Lune à chaque instant de l'éclipse. Le lieu qui, lors d'une certaine phase, a la Lune au zénith a évidemment pour latitude la déclinaison de cet astre ; on élevera donc le pôle du globe sur son horizon d'une quantité égale à cette déclinaison. Supposons ensuite que dans le lieu pour lequel on a fait le calcul et dont la longitude est *l*, la phase en question arrive α heures avant minuit, temps vrai ; on tournera le globe de façon que ce lieu connu vienne à $l + 15\,\alpha$ degrés à l'occident du méridien universel ; l'horizon du globe séparera alors l'hémisphère qui voit la Lune de celui qui ne la voit pas. En faisant cette opération pour le commencement et la fin de l'éclipse, on connaîtra les pays qui verront l'éclipse tout entière, ceux qui n'en verront que le commencement ou la fin, et enfin ceux qui ne la verront pas du tout. Il y aura quelque chose à retrancher des deux hémisphères pour l'effet de la parallaxe, qui fera plus que détruire l'effet de la réfraction.

29. Dans la plupart des cas on se bornera aux résultats que l'on obtient par les méthodes indiquées (n°s 24 à 27) ; mais si l'on veut atteindre une plus grande exactitude, il ne faut les regarder que comme une première approximation. Puisque l'on connaît ainsi à très-peu près l'instant de chaque phase, on prendra cet instant pour origine des temps ; on calculera par les Tables astronomiques les mouvements du Soleil et de la Lune et les parallaxes qui y correspondent, et l'on recommencera le calcul de la phase avec ces nouvelles données, en se servant des équations du n° 19 ; on trouvera ainsi la correction à faire à l'époque déterminée par la première approximation. Mais il n'est pas d'une grande importance d'avoir des résultats rigoureux ; on ne fait le calcul d'une éclipse de lune principalement que pour se livrer aux observations, et la pénombre qui entoure l'ombre pure rend les observations du commencement et de la fin fort incertaines.

TROISIÈME PARTIE.

DES ÉCLIPSES DE SOLEIL.

30. Nous avons indiqué (4) la cause des éclipses de Soleil. On a pu y voir qu'il n'y a pas pour nous *éclipse*, mais *occultation* de Soleil, et c'est avec raison que certains auteurs ont substitué au mot *éclipse de Soleil* celui d'*éclipse de Terre* : car c'est réellement la Terre, ou du moins une partie qui se trouve privée de lumière, et non le Soleil.

Quand la Lune passe ainsi devant le Soleil pour un observateur placé à la surface de la Terre, elle peut lui cacher le Soleil tout entier, et l'éclipse sera *totale*, ou seulement une partie, et l'éclipse sera *partielle*; l'éclipse pourra encore paraître *annulaire*, c'est lorsque le diamètre apparent de la Lune est moindre que celui du Soleil, et que l'observateur voit le centre de l'un des deux astres à peu près sur l'autre.

Supposons, lors de la conjonction, le Soleil en S (*fig.* 2), la Terre en T et la Lune en L. Dans le plan des trois centres menons les tangentes extérieures AG, A'G', aux disques de la Lune et du Soleil ; ces lignes détermineront la section de l'ombre pure projetée par la Lune ; menons également les tangentes intérieures A'G, AG'; elles donneront les limites de la pénombre lunaire. Nous avons vu (n° 9) que le cône d'ombre GKG' atteint tantôt la surface de la Terre, et tantôt ne l'atteint pas; dans le premier cas cette ombre forme sur la terre une tache noire, ovale, IOI', entourée par la pénombre HH' qui s'étend en se dégradant jusqu'à une certaine distance.

Les pays renfermés dans la tache IOI', étant totalement privés des rayons solaires, voient à ce moment une éclipse *totale* : le spectateur placé en O sur l'axe du cône a l'éclipse *centrale*; ceux qui sont placés sur la limite II' voient les bords du Soleil et de la Lune se toucher intérieurement. Les lieux compris dans la pénombre aperçoivent une partie du Soleil d'autant plus grande qu'ils sont plus près de l'ombre pure, et observent par conséquent une éclipse partielle d'une plus ou moins grande phase. Sur la limite de la pénombre HA' les bords du Soleil et de la Lune paraissent se toucher extérieurement, et au delà de cette limite l'éclipse n'a plus lieu.

Si le cône d'ombre n'arrive pas jusqu'à la surface de la Terre, comme dans la *fig.* 3, il n'y a nulle part d'éclipse totale et le spectateur situé en O sur le prolongement de l'axe du cône voit le soleil déborder tout autour du disque obscur de la Lune et observe une éclipse *centrale annulaire*; ceux qui sont renfermés dans la partie II' verront encore une éclipse annulaire, mais l'anneau n'aura pas partout la même largeur; cet anneau s'évanouit aux limites II'; les pays situés au delà, mais encore dans la pénombre, ont une éclipse partielle.

On voit donc qu'une éclipse de Soleil paraît d'une grandeur très-différente pour les divers pays, dans le même instant physique; telle éclipse qui sera totale pour un lieu, ne sera que partielle pour un autre, invisible pour un troisième.

La Lune se mouvant dans son orbite d'Occident en Orient, l'ombre qu'elle projette parcourt la terre dans le même sens, et tous les pays qu'elle atteint successivement jouissent du spectacle de l'éclipse de Soleil, mais à des époques et avec des circonstances différentes. La marche de l'ombre sur la Terre se complique encore du mouvement de rotation de notre globe, mouvement qui fait que chaque lieu terrestre que l'ombre vient frapper court en quelque sorte après elle, mais avec une vitesse moindre ; et cette circonstance augmente la durée de l'éclipse locale, tout en diminuant l'étendue de la zone terrestre d'où l'éclipse pourra être observée.

31. D'après ce qui précède, on sent que le calcul de l'éclipse de Soleil peut être envisagé sous deux, et même sous trois points de vue. On peut se demander de quelle nature sera l'éclipse pour la terre en général : Sera-t-elle *totale, annulaire* ou seulement *partielle ?* A quel instant commencera l'éclipse générale? Quand l'éclipse centrale? Quel est le moment de la fin? De quelle grandeur sera la plus grande phase que l'on puisse observer sur la terre, si l'éclipse n'est que partielle ?

On peut chercher, en second lieu, quels sont les endroits de la terre qui verront les premiers et les derniers le commencement et la fin de l'éclipse partielle ou totale? Dans quel lieu verra-t-on le plus grand obscurcissement ou la plus grande phase? Quelle est la route sur la surface de la terre que prendront le centre de l'ombre, l'ombre elle-même et la pénombre? Par quel pays passera la limite qui séparera les lieux où l'éclipse sera visible de ceux où elle sera invisible? etc.

Ces deux séries de questions concernent le problème de l'*éclipse générale* ou de l'*éclipse de Terre ;* dans la première partie on regarde la Terre comme une sphère éclairée par le Soleil, et qui est privée successivement et en partie de sa lumière par l'interposition de la Lune, sans distinguer les différents points de ce globe. Dans la seconde, au contraire, il faudra avoir égard à la position particulière de l'axe de la terre et de ses méridiens, à son mouvement de rotation, et même à son aplatissement, considérations qui rendent cette partie du calcul beaucoup plus compliquée.

Une troisième partie consiste à déterminer pour un lieu donné sur la Terre les circonstances de l'éclipse particulières à cette station ; c'est la plus importante pour l'astronomie, parce qu'elle sert à comparer les observations avec le calcul, et par conséquent à vérifier les éléments des Tables et la position géographique des lieux qui ont été employés dans le calcul.

Nous pourrons donc partager en trois chapitres tout ce que nous avons encore à dire sur le calcul des éclipses de Soleil ; mais on sent à l'avance que ces trois parties ne sauront être nettement distinctes, qu'elles devront présenter de nombreux points de contact, surtout les deux dernières : telle méthode imaginée pour l'éclipse en un lieu particulier pourra être appliquée au calcul de l'éclipse générale, et *vice versa.*

CHAPITRE PREMIER.

De l'éclipse de Terre en général.

32. Les premières questions que nous avons à résoudre n'offrent guère plus de difficultés que dans l'éclipse de Lune et se résolvent de la même manière, en supposant que la Terre est un globe qui est successivement atteint par la pénombre de la Lune et par l'ombre pure.

A l'instant où le bord de la Lune entre dans le tronc de cône lumineux compris entre la Terre et le

Soleil, l'éclipse commence, et un observateur placé en B (*fig.* 9) sur la surface de la Terre voit le bord oriental de la Lune toucher le bord occidental du Soleil ; ce point est le *premier* qui voit le *commencement* de l'éclipse *partielle ;* il a le Soleil à l'horizon. La distance géocentrique du centre de la Lune au centre du Soleil est à ce moment $STL = p - P + R - r$ (n° 11) (1), P et p étant toujours les parallaxes horizontales du Soleil et de la Lune, R, r, les demi-diamètres de ces astres vus du centre de la Terre.

L'éclipse *centrale* commence, quand le centre de la Lune est en l sur la ligne SB menée tangentiellement à la Terre par le centre du Soleil ; la distance géocentrique des astres est alors $STl = p - P$. L'éclipse centrale durera donc aussi longtemps que la distance géocentrique des centres du Soleil et de la Lune sera moindre que $p - P$. Elle sera *totale* si le diamètre apparent de la Lune vu du point de la surface terrestre sera plus grand que celui du Soleil ; *annulaire*, si c'est l'inverse : la largeur de l'anneau sera évidemment égale à la différence des deux demi-diamètres apparents.

Le commencement de l'éclipse *totale* aura lieu quand le bord oriental de la Lune viendra toucher la tangente A'CB menée de côtés différents du Soleil et de la Terre ; alors la distance angulaire du centre de la Lune à l'axe ST du cône sera

$$STl = STm + mTl = TmB - TCB + mTl = p - P - R + r,\text{ vu que } TCB = P + R.$$

Enfin l'éclipse *annulaire* commencera lorsque, R étant $> r$, la Lune est tangente intérieurement au tronc de cône lumineux ABB'A' ; dans ce cas sa distance angulaire sera $p - P + R - r$.

Nous aurons pareillement la distance géocentrique des centres de la Lune et du Soleil,

Pour la fin de l'éclipse annulaire : $p - P + R - r$

Pour la fin de l'éclipse totale : $p - P - R + r$ •

Pour la fin de l'éclipse centrale : $p - P$

Pour la fin de l'éclipse partielle : $p - P + R + r$,

33. S'il s'agit maintenant de déterminer les instants de ces différentes phases, on pourra encore faire usage, comme dans les éclipses de Lune, de l'*orbite relative*, en supposant cette orbite rectiligne, et la terre immobile ; mais pour ne rien laisser à désirer, nous commencerons par établir les formules rigoureuses qui résolvent la question, et nous verrons les simplifications qu'on pourra leur faire subir.

Après s'être assuré que l'éclipse pourra arriver (n° 12) on calculera au moyen des Tables du Soleil et de la Lune, ou au moyen des éphémérides,

---

(1) La manière dont nous avons établi au n° 11, cette distance pourrait sembler inexacte : à l'angle $STN = p - P + R$ nous avons ajouté le demi-diamètre apparent de la Lune, au lieu de l'angle NTL qui est un peu plus grand, car la ligne TN ne se confond pas avec la tangente menée par T à la Lune. Pour apprécier l'erreur commise $NTN' = x$, menons les rayons LM, TB, perpendiculaires à la tangente commune AB, et désignons par u la distance LT, par ρ et ρ' les rayons TB, LM ; les triangles semblables LIM, IBT nous donneront les relations $\dfrac{\rho'}{LI} = \dfrac{\rho}{IT} = \dfrac{\rho + \rho'}{u} = \sin p + \sin r$, mais $\dfrac{\rho'}{LI}$ est aussi le sinus de l'angle LIM, angle qui est égal à INT + ITN, c'est-à-dire à $p + (r + x)$, on aura donc $\sin (p + r + x) = \sin p + \sin r = 2 \sin \frac{1}{2} (p + r) \cos \frac{1}{2} (p - r)$.

Si l'on substitue à p et à r leurs valeurs moyennes 57' 0",9 et 15' 45",33, on trouve pour x à peu près 0",16, quantité assez petite pour qu'il soit permis de la négliger.

On pourrait en dire autant pour les distances relatives au commencement et à la fin de l'éclipse totale ou annulaire : la quantité négligée serait beaucoup plus petite encore.

1° Le temps vrai de la conjonction en longitude (n° 7);

2° La longitude L du Soleil et de la Lune au moment de la conjonction;

3° La latitude λ de la Lune au même instant;

4° Les mouvements horaires m et m' de la Lune et du Soleil en longitude, et le mouvement horaire n de la Lune en latitude;

5° Les parallaxes horizontales p et P de la Lune et du Soleil;

6° Leurs demi-diamètres apparents r et R.

Supposons ensuite que *fig.* 10 représente la sphère céleste ayant la Terre au centre T, et soit EE' l'écliptique, P le pôle boréal, PT le méridien de la conjonction, l le lieu du centre de la Lune à l'instant de la néoménie, S et L les lieux du Soleil et de la Lune t heures après la conjonction, on aura, pour ce moment,

$$\text{La longitude du Soleil TS} = L + m't$$
$$\text{La longitude de la Lune TA} = L + mt$$
$$\text{La latitude de la Lune LA} = \lambda + nt$$

et le triangle sphérique rectangle LAS donnera $\quad \cos LS = \cos AS \cos LA,$

ou, en désignant par Δ la distance géocentrique LS du Soleil et de la Lune,

$$(23)\dots\dots \cos \Delta = (m - m') \, t \cos (\lambda + nt).$$

C'est l'équation (8 bis) à laquelle nous étions parvenus dans le n° 19 en suivant une voie différente. Or si l'on a, en général, $\cos {}^2\Delta = \cos {}^2x \cos {}^2y$, on en déduira successivement

$$1 - \sin {}^2\Delta = 1 - \sin {}^2x - \sin {}^2y \cos {}^2x \text{ et } \sin {}^2\Delta = \sin {}^2x + \sin {}^2y \cos {}^2x$$

donc l'équation (23) pourra s'écrire

$$(24)\dots\dots \sin {}^2\Delta = \sin {}^2(\lambda + nt) + \sin {}^2(m - m') \, t \cos {}^2(\lambda + nt)$$

et si nous posons..... $\tan \xi = \sin (m - m') \, t \cot (\lambda + nt),$

il vient..... $\sin \Delta = \dfrac{\sin (\lambda + nt)}{\cos \xi}$
$\quad\quad\quad\quad\quad\quad\quad\quad\quad\quad\quad \left. \right\} \ \dots \dots (25)$

L'angle ξ introduit ici n'est autre que l'angle PSL, formé au centre du Soleil par le cercle de latitude et la distance des centres : de Lalande le désignait sous le nom d'*angle de conjonction*.

34. Ces dernières équations, très-bonnes quand il s'agit de calculer la distance vraie des centres pour un instant donné, ne pourraient servir sous cette forme à calculer le temps correspondant à une distance donnée, parce qu'elles sont transcendantes; pour les approprier à ce calcul, on remplace les sinus des arcs qui sont généralement très-petits, par ces arcs eux-mêmes; cette hypothèse consiste à regarder comme rectiligne le petit triangle LSB, formé par la distance des centres LS, l'arc de parallèle LB, et la portion SB du cercle de latitude; de cette manière l'équation (24) devient

$$\Delta^2 = (\lambda + nt)^2 + (m - m')^2 \, t^2 \cos^2 (\lambda + nt).$$

Il y a plus; à cause de la faible valeur de nt, on pourra à la place de $\cos (\lambda + nt)$ mettre simplement le facteur constant $\cos \lambda$, ce qui transforme la dernière équation en celle-ci :

$$(26) \ \dots \ \Delta^2 = (\lambda + nt)^2 + (m - m')^2 \, t^2 \cos^2 \lambda.$$

Cette dernière simplification revient à supposer le soleil immobile en S, à attribuer à la Lune pour mouvement horaire en longitude $m - m'$, tout en lui conservant son mouvement horaire en latitude; Par là on substitue à l'orbite vraie de la Lune son *orbite relative* L'ML (*fig.* 11) ayant sur l'écliptique une inclinaison constante θ, donnée par

$$(27)\ldots\ldots \tan g\,\theta = \frac{\mathrm{LD}}{\mathrm{DL}} = \frac{n}{(m - m')\cos\lambda}$$

et pour vitesse, ou mouvement horaire sur l'orbite

$$(28)\ldots\ldots v = \frac{n}{\sin\theta}\ \text{ou}\ v = \frac{(m - m')\cos\lambda}{\cos\theta}.$$

La perpendiculaire SM, abaissée du centre S sur l'orbite relative, sera la plus courte distance, que nous désignerons par ε, et le triangle rectangle SlM donne :

$$(29)\ \ldots\ldots\ldots \varepsilon = \lambda\cos\theta.$$

et le chemin parcouru depuis le milieu de l'éclipse jusqu'à la conjonction est :

$$l\mathrm{M} = \lambda\sin\theta.$$

Par le moyen de la plus courte distance ε, on trouvera plus exactement les conditions de l'éclipse :

il n'y aura *pas d'éclipse* si $\lambda\cos\theta$ ou $\varepsilon > p - \mathrm{P} + \mathrm{R} + r$

simple appulse si $\varepsilon = p - \mathrm{P} + \mathrm{R} + r$.

L'éclipse sera *centrale* si $\varepsilon < p - \mathrm{P}$.

totale si $\varepsilon < p - \mathrm{P} - \mathrm{R} + r$ et $r > \mathrm{R}$

annulaire si $\varepsilon < p - \mathrm{P} + \mathrm{R} - r$ et $r < \mathrm{R}$

partielle si $\varepsilon < p - \mathrm{P} + \mathrm{R} + r$ et $> p - \mathrm{P} \pm (\mathrm{R} - r)$.

La *grandeur* de l'éclipse sera $\dfrac{6}{\mathrm{R}}(p - \mathrm{P} + \mathrm{R} + r - \varepsilon)$ doigts.

35. L'instant du milieu de l'éclipse générale, compté à partir du moment de la conjonction, sera donné par

$$(30)\ldots\ldots \mathrm{T} = -\frac{\lambda\sin\theta}{v} = -\frac{\lambda\sin^2\theta}{n}.$$

Nous mettons ici le signe —, parce que θ est du signe de n, et quand λ et n sont positifs, le milieu arrive *avant* la conjonction, et T devra être retranché. (On pourra encore multiplier par 3600^s si l'on veut que le temps soit exprimé en secondes.)

Les moments des autres phases s'obtiendront en résolvant l'équation (26), qui nous donne, en ayant égard aux équations qui précèdent :

$$(31)\ldots\ldots t = -\frac{\lambda\sin^2\theta}{n} \pm \frac{\sin\theta}{n}\sqrt{\Delta^2 - \lambda^2\cos^2\theta}\ \text{ou}\ t = \mathrm{T} \pm \frac{\sqrt{(\Delta + \varepsilon)(\Delta - \varepsilon)}}{v}.$$

On n'a qu'à y mettre à la place de Δ les distances des centres qui conviennent à la phase cherchée et qui ont été données plus haut. Nous pourrons ainsi connaître le commencement et la fin de l'éclipse générale, de l'éclipse centrale, de l'éclipse totale ou annulaire, etc.; pour le moment de l'éclipse de δ doigts, on mettra $p - \mathrm{P} + r + \left(\dfrac{6 - \delta}{6}\right)\mathrm{R}$ à la place de Δ. Le signe $+$ du radical se rapporte à la fin et le signe — au commencement.

Il est encore utile de calculer l'angle LSM $= \eta$, formé par la ligne des centres LS avec la perpendiculaire SM à l'orbite : cet angle est donné par la formule

$$\tan \mathrm{LSM} = \frac{\mathrm{LM}}{\mathrm{SM}}, \text{ ou } \tan \eta = \frac{\sqrt{(\Delta + \varepsilon)(\Delta - \varepsilon)}}{\varepsilon}.$$

La construction donnée n° 27, peut également servir à représenter les circonstances de l'éclipse générale de Soleil, ou plutôt l'éclipse de Terre. Le cercle AQB (*fig.* 8), figurerait la section du tronc de cône lumineux à la distance de la Lune; son rayon serait $p - \mathrm{P} + \mathrm{R}$ (n° 11). Si sur l'orbite relative on marque les points C et F tels que $\mathrm{OC} = \mathrm{OF} = p - \mathrm{P} + \mathrm{R} + r$, ces points seront les positions de la Lune au commencement et à la fin de l'éclipse générale; si l'on prend $\mathrm{OC}' = \mathrm{OF}' = p - \mathrm{P} + (\mathrm{R} - r)$, C' et F' donneront le premier et le dernier instant de l'éclipse annulaire ou totale; si enfin, on prend les distance $\mathrm{OC}' = \mathrm{OF}' = p - \mathrm{P}$, on aura les époques du commencement et de la fin de l'éclipse centrale.

36. *Exemple numérique.* Comme application de ce qui précède, cherchons les instants des principales phases de l'éclipse générale du 5 mai 1864. Nous avons trouvé (n° 7) pour le temps de la conjonction $0^h,386146$ après minuit, temps moyen de Paris, et pour la longitude commune du Soleil et de la Lune . . . . $\mathrm{L}_0 = 45° \, 41' \, 49'',15$.

Pour obtenir les longitudes pour un temps t, compté à partir de la néoménie, il n'y a qu'à remplacer, dans les équations (a) et (b) du n° 7, z par $0,386146 + t$, ce qui donne :

$$\text{Longitude } \mathbb{C} \;= \mathrm{L}_0 + 2046,94 \;\; t - 0,895 \;\; t^2 - 0,0016 \, t^3$$
$$\text{Longitude } \odot \;= \mathrm{L}_0 + 145,132 \;\; t - 0,0015 \, t^2$$
$$\text{Différence des longit. . . . . } = \qquad 1901,81 \;\; t - 0,8935 \, t^2 - 0,0016 \, t^3$$
$$\text{Mouv}^t \text{ hor. relatif en longit. } = \qquad 1901,81 \quad - 1,787 \;\; t - 0,0048 \, t^2$$

En faisant les mêmes calculs pour la latitude de la Lune, on trouve d'abord, en partant du 5 mai à 12 heures :

$$\text{Latitude } \mathbb{C} \;= 0° \, 16' \, 27'',7 - 189,025 \, z + 0,03145 \, z^2 + 0,00341 \, z^3;$$

remplaçons z par $0,386146 + t$ et nous aurons

$$\text{Latitude } \mathbb{C} \; \lambda = 15' \, 14'',714 - 188,999 \, t + 0,0354 \, t^2 + 0,00341 \, t^3$$
$$\text{Mouv}^t \text{ hor. en latitude . . . . . } - 188,999 \quad + 0,0708 \, t \; + 0,0102 \; t^3$$

On trouvera pareillement

$$\text{parallaxe horiz. équator. } \mathbb{C} \quad p = 3484'',62 \quad - 1,507 \, t - 0,004 \, t^2$$
$$\text{demi-diamètre } \mathbb{C} \text{. . . . . . . } r = \quad 951 \,,141 - 0,413 \, t - 0,001 \, t^2$$
$$\text{demi-diamètre } \odot \text{. . . . . . . } \mathrm{R} = \quad 952 \,,368 - 0,009 \, t$$
$$\text{parallaxe horizont. } \odot \text{. . . . . } \mathrm{P} = \quad 8 \,,50$$

Ces préparatifs achevés, on supposera $t = o$ pour avoir les valeurs relatives à la conjonction, et on les emploiera dans le calcul des équations des n°s 34 et 35. On arrivera aux résultats suivants :

$$\theta = - \; 5° \, 40' \quad 31'',40$$
$$v = \qquad 1911'',60$$
$$\varepsilon = \qquad 940, \;\; 23$$
$$\mathrm{T} = + \qquad 0^h, \; 047331$$

à T ajoutons l'heure de la conjonction . . . . $\qquad 12, \;\; 386146$

et nous aurons l'instant du milieu de l'éclipse générale : $\qquad 12, \;\; 433477$ t. moy. de Paris.

Pour le commencement et la fin de l'éclipse.

	générale	*annulaire*	*centrale*
Δ...........	...........5379″,63	...........3477″,25	........3476″,12
η...........	....80° 15′ 31″,41.......	....74° 49′30″,18........	....74° 49′ 12,00
$\dfrac{\sqrt{\Delta^2 - \varepsilon^2}}{\varepsilon}$...	2ʰ,774265.............	1ʰ,756003.............	1ʰ,755390
heure du milieu	12, 433477............	12 ,433477......	12 ,433477
» du com^{t}.	9,659212 $=$ 9ʰ 39ᵐ,55	10 ,677474 $=$ 10ʰ 40ᵐ,65	10 ,678078 $=$ 10ʰ 40ᵐ,69
» de la fin..	15,207742 $=$ 15 12 46	14 ,189480 $=$ 14 11 37	14 ,188867 $=$ 14 11 ,33

37. Les résultats auxquels nous sommes parvenus peuvent être regardés comme une approximation suffisante dans la plupart des cas ; si l'on désirait une exactitude plus grande, il faudrait avoir égard à la variation du mouvement horaire de la Lune, variation qui devient assez considérable au bout de quelques heures ; à la variation de la parallaxe horizontale de la Lune et de son diamètre apparent, quantités qui changent avec la distance de cet astre à la Terre. L'inclinaison de l'orbite relative avec les parallèles à l'écliptique n'est pas constante non plus, et l'on trouve une valeur différente suivant qu'on la calcule pour l'heure qui précède la conjonction, ou pour celle qui suit. Pour apprécier ce dernier changement, considérons le triangle PLl (*fig.* 11) formé par le pôle de l'écliptique, le lieu de la Lune en conjonction et la position de cet astre relativement au Soleil, t heures après, l'angle P est la différence $(L' - L)$ entre les longitudes de la Lune et du Soleil à cet instant ; les côtés $Pl = 90°$ $- \lambda_0$, $PL = 90° - \lambda$ sont liés par la relation $\lambda = \lambda_0 + nt$; l'angle $PlL = 90° - \theta$, et nous aurons

$$\cot PlL = \tang \theta = \frac{\tang \lambda \cos \lambda_0 - \sin \lambda_0 \cos (L' - L)}{\sin (L' - L)}$$

$$\text{ou } \tang \theta = \frac{\tang \lambda \cos \lambda_0 - \sin \lambda_0 + 2 \sin \lambda_0 \sin^2 \tfrac{1}{2} (L' - L)}{\sin (L' - L)}$$

$$= \frac{\sin (\lambda - \lambda_0)}{\sin (L' - L) \cos \lambda} + \frac{2 \sin \lambda^0 \sin^2 \tfrac{1}{2} (L' - L)}{\sin (L' - L)}$$

$$\text{et enfin } \tang \theta = \frac{\sin (\lambda - \lambda_0)}{\sin (L' - L) \cos \lambda} + \sin \lambda_0 \tang \tfrac{1}{2} (L' - L) \quad ;$$

or l'équation (27) revient à celle-ci : $\tang \theta = \dfrac{(\lambda - _0)}{(L' - L) \cos \lambda_0}$:

On voit donc en quoi consiste la différence, qui, dans certains cas, peut atteindre et même dépasser une minute.

Il faudrait de plus mettre en considération l'aplatissement de la Terre qui fait que les points du sphéroïde terrestre qui sont les premiers et les derniers impressionnés par l'ombre et la pénombre, ne sont pas tout à fait ceux que nous avons supposés, et que par conséquent les instants de ces phases diffèrent un peu de ceux que nous avons calculés.

Pour tenir compte de toutes les circonstances que nous venons d'énumérer, voici la marche à suivre ; nous supposerons qu'il s'agisse d'obtenir exactement l'heure de la fin de l'éclipse générale.

On commencera par calculer, pour l'instant fourni par notre première approximation, les valeurs des variables p, r, R ; L, L' (longitudes du Soleil et de la Lune), λ (latitude de la Lune) ; puis la la distance des centres Δ par les formules exactes :

$$(23)\ldots\ldots \cos\Delta = \cos(\mathrm{L}'-\mathrm{L})\cos\lambda, \text{ ou mieux}$$

$$(25\,bis)\ldots\ldots \cot\xi = \frac{\tan\lambda}{\sin(\mathrm{L}'-\mathrm{L})}\, , \ \sin\Delta = \frac{\sin\lambda}{\cos\xi}$$

Cela fait, on déterminera par les procédés qui seront expliqués plus loin (n° 48) la position géographique du lieu de la terre qui recevrait le dernier contact de la pénombre, dans l'hypothèse de la Terre sphérique ; ce lieu ne sera pas bien éloigné du lieu véritable sur le sphéroïde aplati, et ce dernier aura sensiblement la même distance au centre, et par suite la même parallaxe horizontale que le premier. On pourra ainsi faire subir à la quantité p la correction due à la non sphéricité de la Terre, et par conséquent, connaître très-exactement la distance angulaire $(p - \mathrm{P} + r + \mathrm{R})$ à laquelle devront se trouver les centres du Soleil et de la Lune à l'instant du dernier contact.

Supposons que la valeur trouvée plus haut pour Δ, et que nous appellerons Δ_1, soit plus petite que cette distance angulaire $(p - \mathrm{P} + r + \mathrm{R})$, d'une quantité e ; on prendra un instant voisin, par exemple une minute plus tard, et l'on calculera de nouveau les quantités L, L', λ et Δ. Admettons que la nouvelle distance des centres, Δ_2, soit devenue plus grande que la quantité $(p - \mathrm{P} + r + \mathrm{R})$, on dira : si la distance des autres varie de $\Delta_2 - \Delta_1$ en une minute, elle variera de e en un nombre de secondes exprimé par $\dfrac{e \times 60^s}{\Delta_2 - \Delta_1}$. On connaîtra donc la correction à ajouter au temps supposé, pour avoir l'instant précis de la phase en question.

Remarquons encore que pour avoir la variation $\Delta_2 - \Delta_1$ pendant le temps très-court dt, on pourra opérer plus simplement. En effet, si nous différentions l'équation (23) ci-dessus, on aura :

$$\sin\Delta\, d\Delta = \sin(\mathrm{L}'-\mathrm{L})\cos\lambda\, d(\mathrm{L}'-\mathrm{L}) + \cos(\mathrm{L}'-\mathrm{L})\sin\lambda\, d\lambda$$

et cette équation fera connaître la variation $d\Delta$ dont il s'agit.

Ainsi, dans notre exemple, la fin de l'éclipse générale arrive :

$0^h,0473315 + 2^h,774265 = 2^h,821596$ après la conjonction ; si nous mettons cette valeur à la place de t dans les formules de longitude, de latitude et de mouvement horaire du n° 36, il vient :

$$\begin{aligned}
(\mathrm{L}'-\mathrm{L}) &= 5359,03 & &\text{mouv}^t \text{ hor. relatif en longitude } m, = 1896,77\\
\lambda &= 381,79 & &\text{\guillemotright} \qquad\qquad \text{en latitude } n, = 188,799\\
\Delta_1 &= 5372,62
\end{aligned}$$

et par conséquent $d(\mathrm{L}'-\mathrm{L}) = 1896,77\, dt$

$\qquad\qquad\qquad d\lambda = -188,799\, dt.$

et enfin $d\Delta_1 = \dfrac{1896,77 \sin(\mathrm{L}'-\mathrm{L})\cos\lambda - 188,799 \cos(\mathrm{L}'-\mathrm{L})\sin\lambda}{\sin\Delta_1}\, dt.$

CHAPITRE II.

De l'éclipse des différents lieux de la terre. — Route de l'ombre et de la pénombre.

38. Dans la prédiction des éclipses de Soleil, les anciens astronomes se bornaient à calculer les circonstances que l'éclipse devait présenter pour un lieu particulier; leur méthode consistait à transformer les positions vraies des astres, c'est-à-dire telles qu'on les verrait du centre de la Terre, dans leurs positions apparentes, telles qu'un observateur les aperçoit d'un point de la surface, en leur appliquant l'effet de la *parallaxe*. On sait que la parallaxe d'un astre abaisse celui-ci dans le vertical, en le faisant paraître plus près de l'horizon que si on l'observait du centre de la Terre; cet effet altère par conséquent les coordonnées qui déterminent la position de cet astre; et il fallait en quelque sorte décomposer cet effet en deux autres pour apprécier le changement qu'il produisait soit sur la longitude et la latitude de l'astre, soit sur son ascension droite et sa déclinaison. Cette route tracée par Ptolémée, et probablement avant lui par Hipparque, est encore suivie aujourd'hui quand on veut calculer l'éclipse pour un lieu particulier; mais elle deviendrait impraticable si on voulait l'appliquer à la recherche de la route de l'ombre.

Képler, par une de ces idées qui n'appartiennent qu'à un homme de génie, trouva le moyen de se débarrasser du calcul des parallaxes. Il envisage l'éclipse comme une *éclipse de Terre*, telle qu'elle serait vue par son observateur placé dans la Lune; il ne calcule plus les apparences propres à chaque endroit, mais il représente l'hémisphère terrestre tourné vers le Soleil par un cercle sur lequel il marque l'équateur, les parallèles, etc.; il y trace la route que semble décrire le centre de l'ombre, ainsi que les limites de cette ombre et de la pénombre; sur cette *projection* il détermine ensuite pour un instant quelconque la position des lieux de la Terre d'où l'on peut observer les phases principales de l'éclipse.

Cette idée de Képler fut développée par *J.-Dom. Cassini* et son fils, qui, les premiers, représentèrent sur une carte géographique les phases d'une éclipse de Soleil pour toute la Terre (1); car Képler n'a point donné de cartes dans ses Ephémérides, il s'est contenté d'indiquer les lieux par leurs noms, par leurs longitudes et par leurs latitudes (Ephém. 1617, p. 41). La méthode des projections fut ensuite appliquée à la détermination de l'éclipse pour un lieu particulier, et plusieurs astronomes vinrent successivement y apporter des perfectionnements ou des simplifications, notamment *Flamsteed* (1680); *Lahire* qui (en 1700) lui appliqua le calcul trigonométrique; *Lacaille* (1744 et 1780); *Lalande* (1764); *Delambre* (1792), et en dernier lieu M. *Bach* (1860).

Duséjour imagina, en 1761, une méthode fondée sur la projection orthographique, et qui consiste à trouver l'expression générale de la distance apparente des centres du Soleil et de la Lune pour un

---

(1) Osservazioni dell' eclisse solare fatta in Ferrara, 1664, con una figura che rappresenta un nuovo methodo di trovar l'apparenze varie che fa nel medesimo tempo in tutta la terra. Ferrara 1664. (Ouvrage perdu).

endroit quelconque de la terre et pour un instant quelconque de l'éclipse; de cette formule algébrique on déduit ensuite les circonstances de l'éclipse pour les différents lieux de la Terre, en y introduisant les hypothèses qui conviennent à chaque cas particulier. Le travail de Duséjour a fait beaucoup de sensation à son apparition; malheureusement, malgré les excellentes choses qui s'y trouvent, la méthode n'est pas assez pratique, et les astronomes ne s'en sont presque jamais servis à cause du grand nombre d'opérations numériques que les formules exigent.

Delambre donna dans son astronomie une méthode trigonométrique extrêmement simple dans son principe et dans son application, et qui conduit aux mêmes résultats que les méthodes précédentes.

Enfin, M. *Mahistre*, en 1854, publia sur le même sujet un mémoire qui est remarquable par la simplicité de la démonstration de sa formule fondamentale.

I. MÉTHODE DES PROJECTIONS.

39. Comme nous l'avons dit, c'est à *Képler* qu'il faut atribuer l'idée de cette méthode; il en parle clairement dans plusieurs de ses écrits (1); néanmoins plusieurs astronomes postérieurs se sont disputé l'honneur de cette invention. J.-Dom. *Cassini*, passe pour avoir écrit en 1663, un ouvrage intitulé : *nova eclipsium methodus*, dont on ne connaît d'ailleurs que le titre; c'est seulement en 1700 qu'il a parlé de sa méthode à l'Académie des sciences, et elle ne fut publiée qu'en 1740 par son fils ; il est probable que ce n'est qu'un développement des idées de Képler. *Flamsteed* publia en 1680 une méthode graphique (2) qu'il avait imaginée 5 ans auparavant, et il y dit que *Chr*^e *Wreen*, avait eu la même idée dès 1660. Enfin, *Halley* prétendit également avoir trouvé, en 1661, une construction pour les éclipses, mais il n'en fit part à personne. Képler est sans contredit le premier inventeur de la méthode; après lui c'est à Flamsteed et à Cassini que nous en devons le plus d'obligation.

Cette méthode permet de trouver par un procédé purement graphique, et avec une approximation suffisante pour les annonces, la marche de l'éclipse sur le globe terrestre, ainsi que les circonstances de l'éclipse pour un lieu particulier; mais comme nous n'avons en vue dans ce chapitre que le premier de ces deux problèmes, et que l'exposition complète de la méthode nous forcerait à empiéter sur le chapitre suivant, nous nous bornerons à en donner ce qui nous est nécessaire ici, en nous réservant d'y revenir plus loin.

40. Soient (*fig.* 12) S et T les centres du Soleil et de la Terre, XX' un plan perpendiculaire à la ligne ST et passant par le centre de la Lune en conjonction. Concevons le cône lumineux circonscrit à la Terre et ayant son sommet au centre du Soleil; ce cône détermine sur le plan XX' un cercle dont le rayon ON, vu du centre de la Terre, est évidemment égal à $p - P$, différence des parallaxes horizontales de la Lune et du Soleil. C'est dans ce cercle, appelé *cercle de projection*, que l'on suppose projetés tous les lieux de la Terre, à l'aide de droites qui joignent ces divers lieux au centre du Soleil; de sorte que le cercle de projection peut être regardé, à chaque instant, comme une carte géographique de l'hémisphère éclairé de la Terre, et tel qu'on le verrait de la Lune ; mais

---

(1) Dans ses *Tables Rudolphines*, cap. 32, præc. 158; *Epitome Astron. Copern.* (1618), p. 874 ; dans son *Hipparque* (Appendice) ; dans ses *Ephémérides* (1617 et suiv.)

(2) Elle se trouve dans la préface d'une dissertation ayant pour titre : *The doctrine of the sphere grounded on the motion of the earth.*

à cause de la rotation de la Terre, cette carte change continuellement et chaque lieu semble y décrire, d'occident en orient, une portion d'ellipse.

Or, si dans cette projection, supposée faite pour un moment donné, on considère un point quelconque x, il est évident que ce point est à la fois la projection d'un lieu terrestre et l'endroit même où l'observateur en ce lieu aperçoit le centre du Soleil; de plus, cet astre y paraît comme un disque d'un rayon égal à son demi-diamètre apparent R'.

Quant à la Lune, sa distance à la Terre variant trop peu pendant la durée de l'éclipse, on pourra supposer que son centre se trouve constamment dans le plan du cercle de projection, et le rayon du disque lunaire sera pareillement égal au demi-diamètre apparent r' de notre satellite; mais on pourra sans inconvénient substituer à ces demi-diamètres *apparents* les demi-diamètres *vrais* (géocentriques) R et r, tels que les donnent directement les Tables; pour le soleil, la différence est inappréciable, et pour la Lune elle ne dépasse jamais $19''$; cette légère erreur disparaît complétement devant les autres imperfections de cette méthode qui, toutefois, est suffisante pour les questions que nous nous proposons tout d'abord de résoudre.

Si maintenant la Lune est en un point L dans l'intérieur du cercle de projection, le lieu de la Terre projeté en ce point observe une éclipse centrale, qui sera totale ou annulaire, selon que le demi-diamètre de la Lune sera plus grand ou plus petit que celui du Soleil; pour un autre lieu, projeté en x par exemple, décrivez autour de ce point, avec le rayon R, le disque solaire; autour de L décrivez, avec le rayon r, le disque lunaire : la partie commune à ces deux cercles représentera la portion éclipsée du Soleil; d'un autre côté, si du point L, comme centre, vous tracez une circonférence de rayon $R + r$, les lieux renfermés dans ce cercle sont les seuls qui voient en ce moment l'éclipse.

Voyons donc comment, pour une heure quelconque, on parviendra à marquer sur le cercle de projection la position du centre de la Lune et celle des divers lieux de l'hémisphère éclairé de la Terre.

41. Soit (*fig.* 12) Z le lieu de la Terre, qui, en un moment donné, a le Soleil au zénith et qui se projette au centre de la projection; II' le diamètre du grand cercle qui sépare l'hémisphère éclairé de celui qui ne l'est pas, et qui a reçu le nom de *cercle d'illumination*, ou d'*horizon absolu;* soient encore PP' l'axe de la Terre, et QQ' le diamètre de l'équateur. Le cercle IPZQ... est ce qu'on appelle le *méridien universel*, c'est-à-dire, celui qui passe constamment par le Soleil, et que les différents pays de la Terre atteignent successivement par la rotation de notre globe.

D'un autre côté, soit (*fig.* 13) le cercle de projection, sur lequel sont tracés deux diamètres perpendiculaires, le premier EE' représentant l'écliptique, et l'autre AA' le cercle de latitude. Portons sur ce dernier la latitude λ de la Lune en conjonction, et puis cherchons la position de cet astre une heure avant et une heure après, comme on l'a expliqué au n° 27. On obtiendra ainsi l'orbite relative sur aquelle on pourra marquer la position de la Lune pour une heure quelconque, en regardant le mouvement du satellite comme uniforme pendant la durée de l'éclipse. Seulement, au lieu de diviser cette orbite en heures comptées avant et après la syzygie, comme nous l'avons fait pour l'éclipse de Lune, on fera mieux d'y marquer les points qu'occupe la Lune aux heures entières pour le lieu du calcul. Si par exemple, la conjonction arrive à $4^h,10356$ t. moy. du lieu, on cherchera le chemin parcouru en $0^h,10356$, et on marquera la position de la Lune à 4^h; puis, partant de ce point, on divisera toute l'orbite en heures et quarts-d'heures.

42. Déterminons ensuite l'*angle de position* ϰ, c'est-à-dire, l'angle formé au centre du Soleil par les cercles de latitude et de déclinaison, au moyen de la formule

$$\tang \varkappa = \tang \omega \cos L$$

dans laquelle ω est l'obliquité de l'écliptique, et L la longitude du Soleil à l'instant de la conjonction. Cet angle devra être porté à l'orient ou à l'occident de OA, suivant que cos L est positif ou négatif, ou suivant que le Soleil se trouve dans les signes ascendants ou les signes descendants; la droite NON′ ainsi obtenue sera la projection du méridien universel. Pour y marquer le pôle, on a, *fig. 12*,

$$\frac{pO}{PK} = \frac{SO}{SK},$$ et si, pour un moment, nous prenons le rayon terrestre pour unité, il vient $PK = \cos D$;

$$SO = ST - TO = \frac{1}{\sin P} - \frac{1}{\sin p};$$ quant à SK ou $ST - TK = \frac{1}{\sin P} - \sin D$, on pourra mettre à

sa place simplement $ST = \frac{1}{\sin P}$; l'erreur qui en résultera pour Op sera moindre que $\frac{1}{60\,000}$ de la

quantité conservée; de sorte que la distance $Op = \dfrac{\sin p - \sin P}{\sin p} \cos D$, et, en parties de la projection, c'est-à-dire telle qu'elle serait vue du centre de la terre,

$$Op = (\sin p - \sin P) \cos D,$$ ou simplement $(p - P) \cos D$, c'est-à-dire, OA cos D.

Cette ligne Op est aussi la projection de l'arc ZP du méridien, et en général, *tout arc z qui a son origine au point Z de la ligne des centres ST, a pour projection OA sin z* ou $(p - P) \sin z$. Le rayon TQ de l'équateur, et l'arc ZQ ont donc pour projection $(p - P) \sin D$; en sorte que, si nous prenons (*fig.* 13) l'arc ND égal à la déclinaison du Soleil, et si nous abaissons la perpendiculaire DP sur NO, le point P sera la projection du pôle et OQ $=$ DP donnera le point de l'équateur qui se trouve au méridien.

43. Nous avons maintenant à résoudre les deux problèmes suivants : 1° Trouver les coordonnées géographiques du lieu qui, à un instant donné (1), a pour projection un point déterminé du cercle de projection; 2° trouver, pour une heure donnée, la projection d'un point quelconque de la surface de la Terre, connu par sa longitude et sa latitude (2).

1° D'abord le centre O du cercle de projection représente évidemment le lieu qui, au moment donné, a le soleil au zénith; la *latitude* de cet endroit de la Terre est donc égale à la déclinaison D du Soleil; et sa *longitude* est l'angle horaire de Paris; on l'obtiendra par conséquent en prenant l'heure du *temps vrai* de Paris pour le moment choisi, et la convertissant en degrés.

Un lieu projeté sur le méridien universel ON, en y, a même angle horaire, ou même longitude que le précédent; pour avoir sa latitude QY $= l$ (*fig.*12), rappelons-nous que la projection Oy est égale à

$$(p - P) \sin ZY = (p - P) \sin(l - D),$$ et par suite $l = D + \arc \sin \left(\dfrac{Oy}{p - P} \right).$

Soit enfin un point quelconque R du cercle de projection (*fig.* 13); nous supposerons ce lieu déterminé en coordonnées polaires par sa distance au centre OR (que nous désignerons par ρ), et par

---

(1) Nous continuerons d'admettre que les heures soient exprimées en temps moyen de Paris.

(2) Ce second problème nous servira principalement dans le chap. III, quand il s'agira d'appliquer la méthode des projections à la détermination des circonstances de l'éclipse pour un lieu particulier.

l'angle POR $= \alpha$ que cette droite fait avec le méridien universel. Nous compterons α de 0° à 180°, à partir de ON, en l'affectant du signe $+$ si le point R est dans la partie orientale, et du signe $-$ dans le cas contraire. Considérons à la surface de la Terre (*fig.* 12) le triangle ZPM, dans lequel M est le lieu qui a pour projection le point R ; l'angle azimutal PZM est égal à α, puisque le plan de projection est parallèle au plan tangent mené en Z ; on connaît de plus le côté ZP $= 90° - $ D, et le côté ZM, que nous désignerons par z et qui est déterminé par la relation $z = \text{arc sin} \left(\dfrac{\rho}{p - \text{P}} \right)$; cet arc z n'est autre chose que la distance zénithale du Soleil pour le lieu M. Les inconnues du problème sont PM $= 90° - l$, et l'angle horaire ZPM $= h$; elles se calculeront par les relations suivantes :

$$(32)\ldots\ldots \begin{cases} \sin l = \cos z \sin \text{D} + \sin z \cos \text{D} \cos \alpha \\[2mm] \cot h = \dfrac{\cot z \cos \text{D}}{\sin \alpha} - \sin \text{D} \cot \alpha \\[2mm] \sin h \cos l = \sin \alpha \sin z \end{cases}$$

ou bien, en introduisant un angle auxiliaire u :

$$(33)\ldots\ldots \begin{cases} \tang u = \tang z \cos \alpha \\[2mm] \sin l = \dfrac{\cos z \sin (\text{D} + u)}{\cos u} \\[2mm] \tang h = \dfrac{\tang \alpha \sin u}{\cos (\text{D} + u)} \end{cases}$$

L'angle h, divisé par 15, donnera la différence des longitudes du lieu M et de Paris, exprimée en temps vrai.

Si l'endroit à déterminer se projette sur la circonférence du cercle de projection, $z = 90°$, et l'on a

$$(34)\ldots\ldots \begin{cases} \sin l = \cos \text{D} \cos \alpha \\[2mm] \cot h = - \sin \text{D} \cot \alpha \end{cases}$$

2° S'agit-il réciproquement de placer sur la projection un point quelconque de la surface terrestre, dont on donne la latitude et l'angle horaire, le même triangle ZPM nous donnera les équations

$$(35)\ldots\ldots \begin{cases} \cos z = \cos h \cos \text{D} \cos l + \sin \text{D} \sin l \\[2mm] \cot \alpha = \dfrac{\cos \text{D} \tang l}{\sin h} - \sin \text{D} \cot h \\[2mm] \sin z \sin \alpha = \sin h \cos l \end{cases}$$

que l'on pourra également rendre logarithmiques à l'aide d'un angle auxiliaire.

44. On peut résoudre les deux mêmes problèmes à l'aide d'un globe artificiel dont nous supposerons le rayon égal à celui de la projection. Soit R la projection du point à déterminer sur le globe : décrivez du point O un cercle passant par ce point R ; marquez sur le globe le lieu Z qui est connu, et tracez de ce point comme pôle un cercle de même diamètre que le précédent; la distance polaire de ce petit cercle sera la corde de l'arc qui, sur le cercle de projection, a OR ou Oy pour sinus; le point Y qui se trouve au méridien PZ est donc connu; on n'a plus qu'à prendre avec un compas sur la projection la distance yR et la porter sur le globe suivant YM, M sera le point cherché; car le petit cercle terrestre, étant parallèle au plan de projection, se projette suivant un cercle égal, et toute corde prise dans le cercle aura pour projection une corde égale.

En faisant l'opération inverse, on trouverait la projection d'un point quelconque du globe terrestre.

Si le rayon du globe n'était pas le même que celui du cercle de projection, il faudrait, à chaque distance prise sur le globe, faire une proportion pour connaître la projection de cette distance, et *vice versa*.

On peut enfin arriver aux mêmes résultats sans calcul et sans globe, par de simples constructions exécutées sur le plan de projection. Ce procédé, qui consiste à construire graphiquement les formules (32), se trouve exposé dans le traité sur les éclipses du colonel saxon Leonhardi (1); mais malgré les simplifications qu'on pourrait encore introduire dans les constructions de l'auteur, il faut convenir que celles-ci exigent au moins autant de temps que le calcul logarithmique des formules, calcul qui est plus exact et qui ne présente pas, comme les premières, l'inconvénient de surcharger la figure des lignes; c'est pour cette raison que nous ne nous y arrêterons pas.

45. Ces préliminaires posés, voici comment on se fera une idée complète et exacte de l'éclipse générale.

On commencera par déterminer sur la surface de la Terre la route de l'*éclipse centrale* avec l'instant du phénomène pour chaque endroit.

Nous savons déjà que les lieux projetés sur l'orbite sont les seuls qui puissent voir l'éclipse centrale; la détermination de leurs coordonnées géographiques dépend de l'angle azimutal α et de l'arc z qui tous deux sont fonctions du temps.

Supposons donc la Lune en un point quelconque L de son orbite relative; l'heure se lit immédiatement sur l'orbite (en temps de Paris); désignons-la par H, et par H' celle marquée au point m sur la perpendiculaire Om et qui correspond au milieu de l'éclipse générale. Le temps employé par la Lune à parcourir la partie mL de son orbite sera alors exprimé par $\pm$ (H — H'), le signe $+$ devant être pris lorsque le point L est après le lieu du milieu m, et le signe — si L est avant le milieu; nous désignerons ce temps par $\pm t$.

L'angle mOL $= \eta$ est connu par la relation tang $\eta = \dfrac{vt}{\varepsilon}$; η sera donc du signe de t, positif après le milieu, négatif avant; on a ensuite

$$\alpha = \eta - \varkappa - \theta.$$

Dans cette formule α sera positif après le passage de la Lune au méridien, et négatif avant; θ est positif si la latitude tant boréale qu'australe de la lune va en augmentant, ou si le milieu de l'éclipse arrive avant la conjonction, et $\varkappa$ est positif si le cercle de latitude OA est à l'occident du méridien OP, négatif s'il est à l'Orient.

Ces deux dernières quantités sont regardées comme constantes pendant la durée de l'éclipse; si l'on ne voulait point commettre cette légère inexactitude, on se servirait de la formule (25) tang $\xi = \sin (m - m')\, t \cos (\lambda + nt)$ dans laquelle t exprime le temps écoulé depuis la conjonction jusqu'à celui de la phase qu'on calcule; on calculerait encore la valeur de $\varkappa$ qui convient à l'instant considéré, et l'on aurait la formule exacte

$$\alpha = \xi - \varkappa.$$

---

(1) Anleitung zur Berechnung und graphischen Bestimmung der Sonnenfinsternisse und Mondfinsternisse, vom K. S. Artillerie Oberst *Leonhardi*; Leipzig, 1846. § 24, pag. 30 et 31.

Quant à l'arc z qui a pour projection $OL = \rho$, on a dans tous les cas

$$\rho = \frac{\iota}{\cos \eta} = \frac{vt}{\sin \eta}, \text{ donc } \sin z = \frac{\iota}{(p - P) \cos \eta} = \frac{vt}{(p - P) \sin \eta}.$$

Telles sont les valeurs générales de α et de z dont nous avons besoin ; considérons maintenant quelques points remarquables de la courbe de centralité.

D'abord les *lieux qui voient le premier et le dernier l'éclipse centrale* ; ils sont projetés sur la circonférence du cercle OA, et observent la phase en question au lever et au coucher du Soleil ; on a pour ces points

$$z = 90°, \cos \eta = \frac{\iota}{p - P} \text{ ou } \frac{\lambda \cos \theta}{p - P};$$
$$\sin l = \cos D \cos \alpha, \cot h = - \sin D \cot \alpha.$$

Pour le point m *qui voit la plus grande phase au milieu de l'éclipse générale*

$$\eta = 0, \alpha = - (\theta + \varkappa), \sin z = \frac{\varepsilon}{p - P} = \frac{\lambda \cos \theta}{p - P}.$$

Pour le point l *qui a l'éclipse centrale au moment de la conjonction,*

$$\eta = 0, \alpha = - \varkappa, \sin z = \frac{\lambda}{p - P}.$$

Pour le point n *qui voit l'éclipse centrale dans le méridien,* $\eta = \theta + \varkappa, \alpha = o, l = z + D, h = o.$

On peut encore chercher le *point le plus rapproché du pôle* où l'on puisse observer l'éclipse centrale ; on n'a qu'à remarquer que si l'on prolonge la ligne Om jusqu'en B, l'orbite CF de la Lune est la projection d'un petit cercle dont B est le pôle ; et si l'on suppose l'arc BP prolongé jusqu'en Y sur l'orbite, Y est le point en question ; le complément de sa latitude est PY $=$ BY $-$ BP ; or BY, ou son égal BF, est donné par la relation $\cos BF = \dfrac{\lambda \cos \theta}{p - P}$; et l'arc BP, par $\cos BP = \cos D \cos (\varkappa + \theta)$; quant à la longitude de ce point, on l'obtient par l'angle OPY $=$ NPB du triangle rectangle PNB : $\text{tang} = \dfrac{\text{tang} (\varkappa + \theta)}{\sin D}$. Si la déclinaison D du Soleil était australe au lieu de boréale, le point Y, situé sur le prolongement de BP serait le *plus éloigné du pôle*, et l'on aurait PY $=$ BY $+$ BP.

Ayant déterminé ces six points C, m, l, n, Y, F de la courbe de centralité, il suffira d'en calculer encore un ou deux par les formules générales pour pouvoir, d'une manière suffisamment approchée, tracer cette courbe sur une carte géographique. Si l'on veut s'en faire une idée plus exacte encore, on calculera les valeurs des quantités η, α, z, l, h pour des intervalles de dix en dix minutes avant et après le milieu, et on rapportera les points obtenus sur un planisphère ou sur un globe.

46. *Détermination des lignes, des phases et des courbes de simple contact.* Sur la perpendiculaire OB à l'orbite relative (*fig.* 14) portons à partir du point m les distances mQ, $m Q'$ égales à la somme des demi-diamètres du Soleil et de la Lune R $+ r$; par les extrémités Q et Q' menons des parallèles à l'orbite : ces droites VV', UU' renfermeront les projections de tous les lieux de la Terre qui pourront observer l'éclipse ; les endroits projetés sur les parallèles mêmes ne verront, pour toute éclipse, qu'un simple attouchement des bords du Soleil et de la Lune. Il arrive souvent qu'une seule de ces droites traverse le cercle de projection et qu'il n'y a par suite qu'une seule courbe de simple contact ; c'est lorsque la pénombre passe en partie à côté de la Terre ; nous y reviendrons à l'instant.

Ayant ensuite divisé une longueur égale au diamètre 2R du Soleil en quatre parties égales, portons ces parties des points Q et Q' vers m : les parallèles, menées par ces points de division à l'orbite relative, serviront à trouver les lignes des phases de trois en trois doigts. Si en prenant ces intervalles, le quatrième point de division tombe sur le point m lui-même, l'éclipse sera *totale et sans demeure;* s'il n'atteint pas tout à fait le point m, mais laisse de part et d'autre un petit espace, l'éclipse sera *totale et avec demeure;* l'intervalle entre les deux parallèles les plus rapprochées des deux côtés de l'orbite sert à trouver les lieux où on pourra l'observer totale. Enfin si les dernières divisions dépassent un peu le point m, l'éclipse sera *annulaire* pour les lieux renfermés dans l'intervalle des deux parallèles voisines de part et d'autre de l'orbite.

Les coordonnées géographiques qui ont leur plus grande phase t heures après le milieu de l'éclipse générale se calculent comme celle des points de centralité. En effet, supposons la Lune en L, et soit menée par ce point la ligne HX perpendiculaire à l'orbite relative. Pour le point x situé sur la ligne de δ doigts, on aura

$$Oy = Om - my = \lambda \cos \theta - \left(r + R - \frac{\delta R}{6} \right),$$

$$\tan m\, Ox = \tan \eta = \frac{mL}{Oy} = \frac{vt}{\lambda \cos \theta - \left(r + R - \dfrac{\delta R}{6} \right)}$$

$$NOx = \alpha = \eta - \pi - \theta, \quad \sin z = \frac{Ox}{p - P} \quad \text{ou} \quad \sin z = \frac{Oy}{(p - P) \cos \eta} = \frac{\lambda \cos \theta - \left(r + R - \dfrac{\delta R}{6} \right)}{(p - P) \cos \eta}$$

S'il s'agissait d'un point situé au nord de CF et ayant l'éclipse de δ doigts pour plus grande phase, on prendrait

$$Oy = \lambda \cos \theta + \left(r + R - \frac{\delta R}{6} \right).$$

Faisons $\delta = o$. Cette hypothèse nous donnera les lieux situés sur les limites VV', UU', lieux dont l'ensemble constitue sur le globe les *courbes de simple contact.* Ainsi pour le point X, on a

$$\tan \eta = \frac{vt}{\lambda \cos \theta - (r + R)}, \quad \sin z = \frac{\lambda \cos \theta - (r + R)}{(p - P) \cos \eta}.$$

On déterminerait d'une manière analogue la courbe des lieux situés sur la *limite de l'éclipse totale* ou *annulaire;* le seul changement à faire est de supposer $\delta = 12$. Ainsi, par exemple, pour le point x', qui appartient à la limite méridionale de l'éclipse totale (comme aussi pour celui qui appartient à la limite septentrionale de l'éclipse annulaire), on a

$$Oy' = \lambda \cos \theta - (r - R).$$

47. *Milieu de l'éclipse au lever et au coucher.* La courbe qui, sur les cartes d'éclipse, est désignée par ces mots, est le lieu des points pour lesquels la plus grande phase d'éclipse arrive soit au lever, soit au coucher du Soleil. C'est à ces courbes que viennent se terminer de part et d'autre toutes les précédentes.

Nous avons déjà tout ce qu'il faut pour les construire. D'abord ces points se projettent sur la circonférence du cercle de projection ; ainsi $z = o$, et les formules à employer sont

$$(34)\ldots\ldots \sin l = \cos D \cos \alpha, \quad \tan h = \frac{\tan \alpha}{\sin D}.$$

Il ne s'agit que de connaître la valeur de α qui convient à chacun de ces lieux, ou au moins celle de η, puisque nous avons $\alpha = \eta - \varkappa - \theta$.

Supposons que H soit l'intersection de la circonférence ENBE$'$ avec la ligne de la phase de δ doigts; on se donne donc HL $= r - \mathrm{R} - \dfrac{\delta\,\mathrm{R}}{6}$, ou O$b = \lambda \cos\theta + \left(r + \mathrm{R} - \dfrac{\delta\,\mathrm{R}}{6} \right)$; on a alors $\cos \eta = \dfrac{\mathrm{O}b}{p-\mathrm{P}}$, et enfin $b\mathrm{H} = m\mathrm{L} = vt = (p - \mathrm{P}) \sin \eta$, relation qui fait connaître l'époque à laquelle la Lune arrive en L.

Si les parallèles à l'orbite, menées par les points Q, Q$'$, rencontrent toutes deux le cercle de projection, comme dans *fig.* 15, on obtient deux branches distinctes, l'une de plus grande phase au lever, l'autre au coucher. Mais si, comme dans la *fig.* 14, il n'y a que l'une de ces parallèles qui coupe le cercle OA, ces deux branches se réunissent et forment une ligne continue, sur laquelle nous distinguerons en particulier le point qui se projette en N et qui sépare la branche relative au lever de celle qui se rapporte au coucher. Ce lieu, dont la distance au pôle est égale à la déclinaison D du Soleil, voit ce jour-là le Soleil se coucher et se lever en même temps, à minuit, et, à ce moment, l'éclipse est pour lui arrivée à sa plus grande phase. Pour le connaître, nous remarquerons que $\alpha = o$, mp ou N$q = (p - \mathrm{P}) \sin (\varkappa + \theta)$; O$q = (p - \mathrm{P}) \cos (\varkappa + \theta)$; $mq = \mathrm{N}p = (p - \mathrm{P}) \cos (\varkappa + \theta) - \lambda \cos\theta$. La valeur de mp donne le temps, et par conséquent fera connaître la longitude du lieu, la valeur de Np donne la grandeur de l'éclipse.

48. Il ne reste plus, pour compléter tout ce qui concerne l'éclipse générale, qu'à marquer sur la carte, ou le globe, les lieux de la Terre, pour lesquels *l'éclipse commence ou finit au lever du Soleil*, et ceux pour lesquels *elle commence ou finit au coucher.*

Parmi ces lieux, les plus remarquables sont ceux qui *éprouvent la première et la dernière impression de la pénombre* ; nous allons les déterminer d'abord.

Si du point O comme centre (*fig.* 14 et 15), avec un rayon égal à $(p - \mathrm{P}) + (r + \mathrm{R})$, on marque sur l'orbite apparente les points C$'$ et F$'$, et qu'on les joigne au centre O, le lieu I sera le point de la Terre qui verra commencer l'éclipse générale; au moment où la Lune arrive en C$'$ il y aura pour ce lieu contact des bords au lever du Soleil, contact qui sera suivi d'une éclipse ; car la Terre tournant sur son axe d'Occident en Orient, le point I se lève sur l'horizon, et, la Lune allant plus vite dans son orbite que le lieu I dans son parallèle, l'éclipse ne fait que commencer pour ce point. De même le lieu J sera le point qui aura la dernière impression de la pénombre : il verra le contact des bords au coucher du Soleil, à la fin de l'éclipse générale et partielle.

Pour ces deux points l'angle η, ou MOC$' =$ MOF$'$ est donné par la relation $\cos \eta = \dfrac{\lambda \cos\theta}{p - \mathrm{P} + r + \mathrm{R}}$; les autres quantités se calculent comme plus haut.

49. *Lignes de contact au lever et au coucher du Soleil. Courbes d'illumination.* Supposons la Lune en un point K de son orbite; si de ce point nous décrivons un arc de cercle avec $r + \mathrm{R}$ pour rayon, les points d'intersection g et h avec la circonférence ENBE$'$ sont les projections des lieux qui voient en ce moment un contact à l'horizon, et ce contact aura lieu au lever et au coucher, suivant que ces points seront à l'Occident ou à l'Orient du méridien ON. Pour déterminer ces lieux, on remarquera que dans le triangle mOK on connaît l'angle O et la distance OK par le temps de mK ; dans le triangle gOK on connaît ainsi les trois côtés et l'on en tirera l'angle KO$g =$ KOh ; on aura par conséquent les angles BOg, BOh que nous avons désignés par η ; α sera donc connu.

On fera bien de calculer d'avance, pour toute la durée de l'éclipse, de dix en dix minutes, par exemple, avant et après le milieu, le lieu de la Lune sur son orbite, ou la distance mK, ainsi que la longitude du point O (angle horaire de Paris) qui lui correspond. A chaque instant on obtiendra deux points qu'un calcul à peu près identique déterminera : en effet,

pour le point h, $\alpha = (BOK - \theta - x) + KOg$, et pour le point g, $\alpha = (BOK - \theta - x) - KOg$.

En calculant ainsi les longitudes et les latitudes des lieux en question, en rapportant ces points sur une carte, et les joignant par une ligne, il en résulte une courbe singulière qui a reçu le nom de *courbe d'illumination*.

Pour mieux connaitre les formes que peuvent offrir ces courbes d'illumination, on déterminera quelques points remarquables, tels que ceux qui séparent la portion de commencement de celle de fin ; ceux qui sont le plus rapprochés ou le plus éloignés du pôle. Les *fig.* 15 et suiv. nous permettront de discuter assez facilement les divers cas qui pourront se présenter.

La *fig.* 15 représente la projection de l'éclipse du 5 mai 1864, dans laquelle la latitude de la Lune en conjonction ($\lambda = 15'14'',7$) est assez petite pour que les parallèles à l'orbite menées à la distance $r + R = (31'43'',5)$ puissent couper chacune en deux points V,V',T,T' le cercle de projection (dont le rayon $p - P = 57'56'',1$). Nous savons que quand la Lune est en C' l'éclipse générale commence, et le lieu I qui est le premier impressionné voit un contact de commencement d'éclipse au lever du Soleil. Un peu après, la Lune étant en K, il y aura deux points g et h, de chaque côté de I, qui seront dans le même cas.

La Lune avançant dans son orbite arrivera en un point u tel que la droite Uu, égale à R$+r$, soit perpendiculaire à l'orbite relative ; le lieu U ne verra qu'un simple contact pour toute éclipse ; il se trouvera donc à la fois sur les courbes de commencement, de milieu et de fin au lever, et sera le point le plus austral de ces courbes. A partir de là, les points h seront sur la courbe de fin au lever, c'est-à-dire qu'ils ne verront plus d'éclipse, étant encore sous l'horizon quand la Lune leur aurait caché le Soleil. Les points g d'ailleurs continuent d'appartenir à la courbe de commencement au lever, jusqu'à ce que la Lune soit arrivée au point v, où la droite V$v = r + R$ est à son tour devenue perpendiculaire à l'orbite ; le point V sera alors le dernier et le plus boréal de la ligne de commencement au lever du Soleil.

Les points U et V sont faciles à déterminer ; car pour ces points on a

$$
\begin{cases}
OQ' = \lambda \cos \theta - (r + R); \cos\ mOU = \cos \eta = \dfrac{OQ'}{p - P} \; ; \; mu = Q'U = (p - P) \sin \eta \\[2ex]
OQ = \lambda \cos \theta + (r + R); \cos\ mOV = \cos \eta = \dfrac{OU}{p - P} \; ; \; mv = QV = (p - P) \sin \eta.
\end{cases}
$$

La dernière relation fera connaitre le temps où les lignes Uu et Vv sont perpendiculaires à l'orbite.

Marquons sur l'orbite les deux points k, k' tels que $Ok = Ok' = (p - P) - (r + R)$; la Lune avançant de v en k, le premier point d'intersection g s'éloigne du pôle, tandis que l'autre s'en rapproche ; tous deux appartiennent d'ailleurs à la ligne de fin au lever. Quand la Lune sera enfin arrivée en k, les deux points g et h vont se confondre en un seul, le point G ; ce point sera unique, il sera le

dernier de la ligne de fin au lever. Pour le déterminer, on a $\cos mOG = \cos \alpha = \dfrac{\lambda \cos \theta}{(p - P) - (r + R)}$
et mk, qui donnera le temps correspondant au point G, sera égal à $(p - P - r - R) \sin \eta$ ou $\lambda \cos \theta \tang \eta$.

La courbe de contact *au lever* sera donc une courbe fermée, une espèce d'ovale plus ou moins rentrante, formée d'une branche de commencement et d'une branche de fin d'éclipse. La branche de fin sera plus orientale que celle de commencement, car dans les triangles sphériques gPO, hPO, qui se correspondent pour un même instant physique, l'angle horaire OPg est plus grand que l'angle horaire OPh.

Pendant que la Lune se meut de k en k', il n'y aura plus de contact à l'horizon ; mais quand elle sera arrivée en k', la droite Ok' prolongée donnera un point H qui commencera une seconde courbe de contact à l'horizon. Celle-ci sera tout à fait analogue à la précédente, et aura, comme elle, une portion de commencement et une de fin, mais au *coucher* du Soleil, puisque l'arc V'U' est tout entier à l'orient du méridien NN'. Elle en est complétement séparée, plus orientale et plus rapprochée du pôle, comme on peut s'en assurer par la seule inspection de la figure.

50. Au lieu d'un ovale simple, l'une des courbes de contact peut présenter une forme plus compliquée ; c'est lorsque la parallèle VV' à l'orbite CF passe entre les points A et N, comme dans la *fig.* 16. Ce cas est rare, mais il peut arriver ; pour le reconnaître nous remarquerons que la distance mQ, tout en restant plus petite que mB, sera devenue plus grande que Np, distance du point N à l'orbite. Or $Np = Oq - Om = (p - P) \cos (\varkappa + \theta) - \lambda \cos \theta$ ou $(p - P - \lambda \cos \theta) - 2 (p - P) \sin^2 \frac{1}{2} (\varkappa + \theta)$; la condition est celle-ci :

$$r + R < p - P - \lambda \cos \theta$$
$$> p - P - \lambda \cos \theta - 2 (p - P) \sin^2 \tfrac{1}{2} (\varkappa + \theta).$$

Le premier point de la seconde courbe d'illumination est le lieu H déterminé comme précédemment par le rayon Ok'H : ce lieu verra un contact de commencement au coucher (au lever s'il était à l'occident du point N).

Marquons ensuite sur l'orbite les points v' et u', pieds des perpendiculaires abaissées des points V' et U', et menons de part et d'autre de Np les obliques Ns, Ns' égales à R + r. Quand la Lune est en s, le lieu projeté en N voit un contact de commencement à minuit ; pour ce lieu le Soleil ne fait que raser l'horizon, il y a donc pour lui commencement d'éclipse indifféremment au coucher et au lever du Soleil. Quand la Lune est en s', le lieu N, qu'il ne faut pas confondre avec le précédent, puisque l'heure est plus avancée, voit un contact de fin à minuit, c'est-à-dire encore au coucher et au lever du Soleil. Ces deux points sont les plus rapprochés du pôle, leur latitude égale 90° — D et leur longitude est celle du point O augmentée de 180° ; mais le second point N, celui qui voit finir l'éclipse en s', arrive au méridien plus tard que le premier de tout le temps que la Lune emploie à parcourir l'arc ss' de son orbite ; il est donc plus occidental. L'instant où la Lune est en s, ou en s', s'obtient sans peine, car on a

$$mp = Nq = (p - P) \sin (\varkappa + \theta) ; \quad ps = ps' = \sqrt{(R + r)^2 - \overline{Np}^2}.$$

Cela posé, en ouvrant le compas d'une quantité égale à $r + R$, on verra facilement sur la figure, que,

Lorsque la Lune sera	les intersections supérieures g donneront des points	les intersections inférieures donneront des points
en k'	H, de commencement au coucher, 1er point de la courbe d'illumination.	
entre k' et s	de commencement au coucher	de commencement au coucher
en s	N, » au coucher et au lever (minuit).	.... id......... id....
entre s et v'	» au lever....................	.... id......... id....
en v'	V', de commenc^t, milieu et fin au lever..	.... id......... id....
entre v' et s'	de fin au lever....................	.... id......... id....
en s'	N', de fin au lever et au coucher (minuit).	.... id......... id....
entre s' et n'	de fin au coucher....................	.... id......... id....
en u'	id. id.	U' de commenc^t, milieu et fin au coucher
entre u' et F	id. id.	de fin au coucher
en $\mathbf{F}'$	J, de fin au coucher, dernier point impressionné.	

En réunissant tous ces points, on obtiendra une courbe continue, composée d'une branche de commencement au lever et au coucher, ainsi que d'une branche de fin au lever et au coucher. Mais la branche de fin au lever est aux environs du point V' plus éloignée du pôle que ne l'est la branche de fin au coucher aux environs du point N' lorsque la Lune a un peu dépassé le point s'; au contraire, la branche de commencement au lever est plus rapprochée du pôle aux environs du point N (qui voit la Lune en s) que ne l'est la branche de commencement au coucher quand la Lune est près d'atteindre le point u'. Il résulte de ceci que les deux branches de commencement et de fin ont dû se croiser et que notre seconde courbe d'illumination est une espèce de 8 de chiffre, comme le montre la *fig.* 17.

Le point de croisement est celui qui, voyant commencer l'éclipse au coucher la voit finir au lever ; en sorte que son arc nocturne est de même durée que l'arc parcouru par la Lune. Si le pôle P, au lieu d'être le pôle éclairé, était le pôle obscur, le lieu du croisement verrait le commencement de l'éclipse au lever du Soleil et la fin au coucher.

51. Jusqu'à présent nous avons supposé que $mQ < mB$, c'est-à-dire $r + R < p - P - \lambda \cos \theta$, et nous avons obtenu deux courbes séparées et distinctes. Si $mQ = mB$, les quatre points V,V',G,H de nos précédentes figures se confondent en un seul, le point B; les deux courbes d'illumination de la *fig.* 17 se touchent par conséquent et produisent une espèce de 8 à deux nœuds, *fig.* 18. Le premier point double voit un simple contact pour toute phase, il est le point de passage de la courbe de commencement au lever à celle de fin au lever, et réciproquement de la courbe de fin au lever à celle de commencement au lever. Le second point double M est analogue au point M de la figure 17.

La même forme de courbe se reproduit tant que $r + R$ sera moindre que mN (*fig.* 16); seulement le premier nœud B n'est plus sur la courbe du milieu de l'éclipse. Enfin si $r + R > mN$, c'est-à-dire

$$(r + R)^2 > [(p - P) \cos (\varkappa + \theta) - \lambda \cos \theta]^2 + (p - P)^2 \sin^2 (\varkappa + \theta)$$

la courbe d'illumination a la forme d'un 8 simple, dont l'un des ovales est relatif au lever et l'autre au coucher ; le nœud appartient au lieu pour lequel l'éclipse commence au coucher du Soleil et finit au lever ; ce serait l'inverse, si P était le pôle obscur.

Ce ne sont pas toutefois les seules formes que peuvent affecter les courbes d'illumination; elles peuvent encore, ainsi que le démontre Duséjour (1), ressembler à une espèce de cœur, ou à un 8 dont le nœud n'est pas formé, et dont les ovales pourraient encore ressembler à des espèces de cœur, etc. Ces courbes, au reste, ne sont que de pure curiosité ; il importe bien plus de connaître les lieux situés sur la ligne de centralité, et ceux qui peuvent observer l'éclipse totale ou annulaire ; ce que nous en avons dit est plus que suffisant pour montrer la marche à suivre pour les construire.

II. MÉTHODE ANALYTIQUE DE DUSÉJOUR.

52. Cette méthode, dont nous allons essayer de donner une idée, se trouve exposée dans les Mémoires de l'Académie des sciences, où l'auteur insérait chaque année un travail d'une centaine de pages ; les sept premiers Mémoires seuls (années 1764 à 1769) sont relatifs à la question qui nous occupe ; dans le second on trouve la démonstration des formules fondamentales et dans les cinq suivants leur application au calcul des phénomènes ; les derniers ont pour objet de déduire des observations la correction des éléments des Tables et les longitudes géographiques, ainsi que les changements à faire aux formules pour les appliquer aux occultations d'étoiles. Plus tard Duséjour a réuni tous ces Mémoires pour en former un ouvrage en deux volumes, intitulé : *Traité analytique des mouvements des corps célestes.*

Dans l'exposé que nous allons faire de cette méthode, nous nous permettrons quelques légers changements de forme, rendus nécessaires par les progrès des mathématiques, en conservant toutefois le fond des démonstrations. Nous emploierons autant que possible les notations dont nous nous sommes servis jusqu'alors, au lieu de celles de l'auteur ; car ce qui rend la lecture de cet ouvrage extrêmement pénible, c'est la grande multiplicité de lettres dont il faut retenir la signification et dont on n'aperçoit qu'à grand peine les rapports mutuels ; ainsi Duséjour désigne chaque ligne trigonométrique de chaque angle par un signe différent, ce qui finit par donner des formules hérissées de lettres de toute espèce, qui ne disent rien de précis à l'esprit du calculateur, et qui exigent de sa part une attention continuelle pour ne pas se tromper sur la quantité ou le signe de chaque terme. En employant, au contraire, les notations trigonométriques en usage aujourd'hui, les calculs se simplifieront beaucoup, et bien des formules deviendront moins compliquées et surtout plus intelligibles. A la parallaxe horizontale polaire employée par l'auteur, nous substituerons la parallaxe horizontale équatoriale, comme on le fait partout maintenant ; et si nous conservons la *latitude corrigée* imaginée par Duséjour, plutôt que de la remplacer par la latitude *géocentrique*, c'est que ce dernier changement entraînerait des modifications trop considérables dans les formules.

53. L'auteur suppose que par le centre de la Lune on fasse passer, *à chaque instant*, un plan de projection perpendiculaire à la ligne qui joint les centres S et T du Soleil et de la Terre. Sur ce plan il détermine le lieu de la Lune à l'instant considéré, et le point où l'observateur aperçoit le centre du Soleil, et il exprime, par une formule générale, la distance apparente des centres.

Soit, *fig.* 19, O la trace de la droite ST snr le plan de projection, OE l'intersection de ce même plan avec l'écliptique, et OX son intersection avec le cerle de déclinaison, ou *méridien universel*. En O

---

(1) Mémoires de l'Académie, an 1769, 7ᵉ Mémoire, art. I, sect. VII, nᵒˢ 59 à 63. Voy. aussi à ce sujet l'Astronomie de Delambre, t. II, p. 358 à 367.

menons la perpendiculaire OL, telle que L soit le lieu de Lune au moment de la conjonction ; nommons λ la latitude de la Lune à cet instant et concevons le triangle rectangle formé par les points L, O et le centre de la Terre situé au-dessus du plan de la figure ; on a évidemment $\text{OL} = \text{LT} \sin \lambda$ et $\text{OT} = \text{LT} \cos \lambda$; or LT, distance de la Lune à la Terre, est égal à $\dfrac{1}{\sin p}$, en désignant par p la parallaxe horizontale équatoriale de la Lune, et en prenant pour unité le rayon de l'équateur terrestre. Ainsi

$$\text{OL} = \frac{\sin \lambda}{\sin p}, \quad \text{OT} = \frac{\cos \lambda}{\sin p}.$$

Pour calculer *l'angle de position* AOX ou x, Duséjour se sert de la formule

$$\cos x = \frac{\cos \omega}{\cos D}$$

dans laquelle ω est toujours l'obliquité de l'écliptique, et D la déclinaison du Soleil lors de la conjonction.

Soit ensuite LQ une portion de l'orbite relative décrite par la Lune pendant l'éclipse, K la position de cet astre une heure après la conjonction et Q à l'instant du calcul ; notre auteur admet que l'orbite relative est rectiligne (1), et que le mouvement de la Lune dans cette orbite est uniforme (2), suppositions dont la seconde au moins est inexacte. Désignons encore par θ l'inclinaison de l'orbite relative sur l'écliptique, par m, m', n, v, les mêmes quantités qu'aux n°s 33 et 34 ; nous aurons

$$\tan \theta = \frac{Kg}{Lg} = \frac{Kh - OL}{Oh}.$$ Si nous supposons les points K, h, O, L joints au centre T de la Terre, on a $Kh = \text{TK} \sin (\lambda + n)$, $\text{OL} = \text{TL} \sin \lambda$; mais la distance de la Terre à la Lune varie assez peu dans l'espace d'une heure, pour qu'on puisse supposer $\text{TK} = \text{TL}$; donc $Kg = \dfrac{\sin (\lambda + n) - \sin \lambda}{\sin p}$.

Ensuite Oh est le sinus de l'arc $(m - m')$ d'un cercle dont le rayon Th est lui-même égal à $\text{TK} \cos (\lambda + n)$; par conséquent

$$Oh = \frac{\sin (m - m') \cos (\lambda + n)}{\sin p}, \text{ ou simplement } \frac{\sin (m - m') \cos \lambda}{\sin p}. \text{ Donc}$$

$$\tan \theta = \frac{\sin (\lambda + n) - \sin \lambda}{\sin (m - m') \cos \lambda} = \frac{n \sin 1''}{\sin (m - m') \cos \lambda} \text{ sans erreur appréciable (3).}$$

Le chemin LK, ou v, décrit par la Lune dans une heure, sera alors égal à $\dfrac{Lg}{\cos \theta}$, par conséquent

$$v = \frac{\sin (m - m') \cos \lambda}{\sin p \cos \theta}.$$

Si maintenant t est le nombre d'heures écoulées depuis la conjonction jusqu'au moment du calcul, on a

$$\text{LQ} = vt.$$

---

(1) Dans son 8e Mémoire (Mém. de l'Acad. 1770), section II, Duséjour discute le maximum de l'erreur que peut produire cette hypothèse, et il fait voir que dans les cas extrèmes, la différence entre les ordonnées de la ligne droite et de l'orbite véritable soustend en angle qui est à peine $\frac{1}{9000}$ de la parallaxe polaire de la Lune.

(2) 2e Mémoire, §§ 42 et 43. (Mém. de l'Acad. 1764).

(3) Même Duséjour néglige tout à fait le facteur cos λ au dénominateur ; voy. 3e Mémoire (année 1765) §§ 5 et 6.

$-$ 48 $-$

54. Le lieu où l'observateur rapporte le centre du Soleil dépend de la position même de l'observateur à la surface de la Terre, et de sa distance au plan de projection. Pour fixer la position de l'observateur, M, Duséjour emploie ce qu'il appelle la *latitude corrigée* au lieu de latitude vraie ou de la latitude géocentrique ; voici ce que c'est : Dans le méridien elliptique A'PA (*fig.* 20, pl. I) du lieu M, inscrivons une circonférence et menons le rayon du parallèle, MK, qui rencontre en m cette circonférence ; l'angle mTA, formé par la droite mT avec le rayon de l'équateur, est l'élément dont il s'agit. En désignant, comme au n° 16, par a et b les demi-axes de l'ellipse APA', par x et y les coordonnées rectangles du point M, par l la latitude vraie et par c la latitude corrigée mTA, nous aurons

$$\tan c = \frac{y}{Km} = \frac{ay}{bx} \, , \text{ vu que } \frac{Km}{x} = \frac{b}{a} \, .$$

D'un autre côté, nous avons $\tan l = \dfrac{a^2 y}{b^2 x}$, donc

$$\tan c = \frac{b}{a} \tan l = (1 - \mu) \tan l .$$

Cette relation fera connaître l'une des latitudes en fonctions de l'autre.

Nous avons de plus $x = a \cos c$

$$y = a (1 - \mu) \sin c$$

et le rayon TM $\quad \rho = a \sqrt{\cos^2 c + (1 - \mu)^2 \sin^2 c}$

ou encore $\rho = a (1 - \mu \sin^2 c + \tfrac{1}{8} \mu^2 \sin^2 2c)$

en négligeant, dans le développement, les puissances de μ supérieures à la seconde.

Exprimons encore la parallaxe horizontale de la Lune pour le lieu M ; dans les triangles rectangles TAL, TML' on a évidemment

$$\sin p = \frac{a}{TL} \, , \sin p' = \frac{\rho}{TL'} \, ;$$

et, de ce que TL = TL', il résulte $\dfrac{\sin p'}{\sin p} = \dfrac{\rho}{a}$.

En s'arrêtant aux termes du premier degré en μ, il vient donc

$$\sin p' = \sin p \, (1 - \mu \sin^2 c), \text{ ou } \sin p \, (1 - \mu \sin^2 l),$$

ou simplement

$$p' = p \, (1 - \mu \sin^2 c), \text{ ou } p \, (1 - \mu \sin^2 l).$$

Ce sont les formules dont on sert ordinairement.

Duséjour a calculé une Table des différences entre les latitudes vraies et corrigées, et une autre du rapport des parallaxes horizontales pour toutes les latitudes, dans deux hypothèses d'aplatissement $\frac{1}{178}$ et $\frac{1}{230}$; comme ces valeurs sont de beaucoup trop fortes, ces Tables sont devenues hors d'usage ; d'ailleurs il eut été presqu'aussi simple d'introduire la latitude géocentrique, comme on le fait généralement aujourd'hui, et comme Tob. Mayer l'avait déjà proposé avant Duséjour.

55. *Projection de l'observateur.* Dans la *fig.* 21, le cercle IZI' représente le méridien universel, PP' l'axe de la Terre, II' la trace du cercle d'illumination ou horizon absolu ; ce cercle est parallèle au plan de projection. Le parallèle du lieu M de l'observateur se projette orthogonalement sur ces deux plans suivant une ellipse dont il est facile d'obtenir l'équation : en prenant toujours pour unité le rayon de l'équateur, on a CK = cos c, KT = $(1 - \mu) \sin c$, TB = $(1 - \mu) \sin c \cos D$; cette dernière valeur fixe sur le méridien universel OX de la *fig.* 19 le centre de l'ellipse, en B. Le demi-grand axe est le rayon même du parallèle, cos c ; le demi petit axe est égal à la projection de CK (*fig.* 21), c'est-à-dire cos c sin D ; de sorte que si l'on prend pour origine des coordonnées rectangulaires le point B (*fig.* 19), et pour axe des x le méridien BO, l'équation de cette ellipse sera

$$x^2 + y^2 \sin^2 D = \cos^2 c \sin^2 D.$$

Supposons maintenant que dans la *fig.* 21, on ait rabattu le parallèle en question dans le plan du méridien universel, et que M_i soit le lieu de l'observateur dans ce rabattement ; en désignant par h son angle horaire CM, on a M_iH = CK sin h = cos c sin h ; KH = CK cos h = cos c cos h. Or si nous remettons le parallèle dans sa position naturelle, la ligne MH, étant parallèle à l'horizon absolu, se projettera en véritable grandeur, tandis que la projection de KH sera Bh ou Ki = KH sin D = cos c cos h sin D ; ce sera là l'abscisse x du point F (projection de l'observateur) dans l'ellipse en question, l'ordonnée y étant égale à cos c sin h ; ces deux valeurs satisfont en effet à l'équation de l'ellipse.

Mais au lieu de fixer la projection de l'observateur, dans la *fig.* 19, par ces deux coordonnées, Duséjour cherche sa distance FD à l'orbite relative de la Lune, ainsi que la valeur de LD. Par le point F, menons à l'orbite une parallèle qui rencontre le méridien OX en G et abaissons FP perpendiculaire à OX : nous aurons OG = OB — BP — PG. Mais OB = $(1-\mu)$ sin c cos D ; BP = x = cos c cos h sin D ; PG = FP tang $(\varkappa + \theta)$ = y tang $(\varkappa + \theta)$ = cos c sin h tang $(\varkappa + \theta)$; si donc nous désignons par a la ligne auxiliaire OK, et par φ l'angle $\varkappa + \theta$ que le méridien OX fait avec la perpendiculaire Om à l'orbite relative, on aura

(36)........ $a = (1 - \mu) \sin c \cos D - \cos c \cos h \sin D - \cos c \sin h \, \text{tang} \, \varphi$

Soit ensuite fait ON = δ, le triangle OLN donne l'égalité

$$\frac{\delta}{\text{OL}} = \frac{\cos \theta}{\cos \varphi}, \quad \text{d'où } \delta = \frac{\sin \lambda \cos \theta}{\sin p \cos \varphi} ;$$

et l'on aura NG = $(\delta - a)$, FD = $(\delta - a)$ cos φ.

Pour avoir LD, on remarquera que cette distance est égale à FG + GH — mL, par conséquent

$$\text{LD} = \frac{\cos c \sin h}{\cos \varphi} + a \sin \varphi - \frac{\sin \lambda \sin \theta}{\sin p}.$$

Exprimons encore la distance FO de la projection de l'observateur au point O ; Duséjour la détermine par la relation

$$\overline{\text{OF}}^2 = \overline{\text{FH}}^2 + \overline{\text{OH}}^2 = \left(\frac{\cos c \sin h}{\cos \varphi} + a \sin \varphi \right)^2 + a^2 \cos^2 \varphi$$

qui devient, par l'élimination de a,

(37)   .... $\overline{\text{OF}}^2 = [(1 - \mu) \sin c \cos D - \cos c \cos h \sin D]^2 + \cos^2 c \sin^2 h$;

le triangle OFP l'aurait donnée plus directement, car on y a

OP = OB — BP = $(1 - \mu)$ sin c cos D — cos c cos h sin D et FP = cos c sin h.

56. *Distance de l'observateur an plan actuel de projection.* Cette distance dépend

1° De la distance de l'observateur au plan de l'horizon absolu, qui se compose de deux autres (*fig.* 21) : KB = KT sin D = $(1 - \mu)$ sin c sin D, et Hi = HK cos D = cos c cos h cos D ; de sorte que cette distance est égale à

$$(1 - \mu) \sin c \sin D + \cos c \cos h \cos D.$$

2° De la distance de l'horizon absolu au plan de projection passant par le centre de la Lune en conjonction,

$$\frac{\cos \lambda}{\sin p}$$

3° De la distance du plan de projection actuel à celui relatif à la conjonction. L'orbite de la Lune étant courbe et le plan de projection passant toujours par le centre de cet astre, il est certain que ce plan s'approche constamment de l'horizon absolu; quoique ce mouvement n'influe qu'extrèmement peu sur la distance des centres, il faut cependant y avoir égard. Soit donc (*fig.* 22), OL la projection sur le plan de l'écliptique de la portion de l'orbite relative décrite en une heure, O le point correspondant à la conjonction, l'arc OL sera égal à $m - m'$; OT étant toujours la ligne des centres du Soleil et de la Terre, O'L représentera la position du plan de projection une heure après la conjonction; si l'on appelle γ la distance OO' des plans de projection lors de la conjonction et une heure après, on aura

$$\gamma = \mathrm{OO}' = \mathrm{OT} - \mathrm{O}'\mathrm{T} = \frac{\cos \lambda}{\sin p} \left[1 - \cos (m - m) \right], \text{ ou } \gamma = \frac{2 \cos \lambda \, \sin^2 \tfrac{1}{2} (m - m')}{\sin p}.$$

Mais pendant la durée de l'éclipse, on peut supposer les accroissements des arcs $(m - m')$ uniformes, les distances OO' sont donc proportionnelles aux carrés des temps, et l'on aura
Distance du plan de projection actuel à celui relatif à la conjonction $= \gamma t^2$.

De tout cela il résulte que la distance de l'observateur au plan actuel de projection (distance que nous désignerons par E), est égale à

$$(38)\ldots\ldots \mathrm{E} = \frac{\cos \lambda}{\cos p} - (1-\mu) \, \sin c \sin \mathrm{D} - \cos c \, \cos h \, \cos \mathrm{D} - \gamma t^2.$$

57. *Lieu où le spectateur rapporte le centre du Soleil.* Si de l'observateur M nous menons au centre du Soleil la droite MS (*fig.* 23), celle-ci rencontrera en un point R le plan de projection XX mené par le centre de la Lune; il s'agit de déterminer la distance de ce point R à la projection F de l'observateur.

En menant MQ parallèle à FO, les triangles semblables MFR, SMQ donnent la relation $\mathrm{FR} = \dfrac{\mathrm{MQ} \times \mathrm{FM}}{\mathrm{SQ}}$; or MQ, ou son égal OF est connu par l'équation (37); FM n'est autre que la quantité E (équ. 38); quant à SQ, cette ligne est égale à la distance du Soleil à la Terre, $\dfrac{1}{\sin \mathrm{P}}$, diminuée de la distance Mm de l'observateur à l'horizon absolu, distance que nous avons aussi calculée dans le numéro précédent. Comme cette valeur de FR est un peu compliquée, Duséjour cherche à la simplifier. On peut supposer d'abord la Terre sphérique, à cause de la petitesse infinie de son aplatissement relativement à sa distance au Soleil; et négliger en second lieu le mouvement de parallélisme du plan de projection pendant la durée de l'éclipse; car si X'X' est le plan de projection à l'instant de la conjonction, on a $\dfrac{fr - \mathrm{FR}}{fr} = \dfrac{f\mathrm{F}}{f\mathrm{M}}$; or dans un intervalle de trois heures, la Lune ne parcourt dans son orbite qu'un arc d'environ $1°\tfrac{1}{2}$; le rapport $\dfrac{f\mathrm{F}}{f\mathrm{M}}$ est donc au plus égal à $2 \sin^2 45' = 0.0003427$; d'un autre côté, l'angle sous lequel on voit de la Terre la distance fr est moindre que $8'',7$, parallaxe horizontale du Soleil; il en résulte que la plus grande erreur provenant de la substitution de fr à FR n'atteint pas $0'',003$, quantité absolument inappréciable.

Enfin, il sera permis, dans l'évaluation de FR, de négliger la distance de l'observateur à l'horizon absolu; car si nous joignons au centre du Soleil le point m, projection de l'observateur sur l'horizon absolu, cette droite mS rencontrera en g le plan X'X', et l'on aura, en désignant par β l'angle MTm

$$fr = \dfrac{\dfrac{\cos \lambda}{\sin p} - \sin \beta}{\dfrac{1}{\sin P} - \sin \beta}\ \cos \beta \quad ; \quad fg = \dfrac{\sin P}{\sin p}\ \cos \lambda \cos \beta,$$

d'où l'on conclura

$$rg = fg - fr = \sin P \left(1 - \cos \lambda\ \frac{\sin P}{\sin p} \right) \left(\frac{\cos \beta \sin \beta}{1 - \sin P \sin \beta} \right).$$

L'auteur cherche ensuite quelle est la valeur de β qui rend cette dernière expression la plus grande possible ; en la différentiant par rapport à β, on arrive à l'équation $\sin P \sin^3 \beta - 2 \sin^2 \beta + 1 = o$; elle donne pour β un angle qui ne surpasse $45°$ que d'une vingtaine de secondes. Faisant $\beta = 45°$, l'expression de rg sera la plus grande possible si, toutes choses égales, $\dfrac{\cos \lambda}{\sin p}$ a sa plus petite valeur ; si donc nous prenons les valeurs maxima $\lambda = 1° 55'$ (n° 12) et $p = 62'$, nous obtenons pour le log. de la plus grande valeur de rg le nombre $\overline{5}$. 32306 (1), et l'angle sous lequel on voit rg du centre de la Terre, est alors égal à $rg \times p = 0'',078$, quantité parfaitement négligeable.

Ainsi au lieu de la valeur trouvée plus haut pour FR, on pourra, avec toute la rigueur désirable, prendre celle de fg, c'est-à-dire faire

$$FR = \frac{\sin P \cos \lambda}{\sin p}\ \cos \beta, \text{ avec } \cos \beta = FO = \sqrt{[(1-\mu) \sin c \cos D - \cos c \sin h \sin D]^2 + \cos^2 c \sin^2 h}.$$

58. *Angle formé par les droites menées de l'observateur aux centres du Soleil et de la Lune.* Supposons (*fig.* 19) que Q soit le lieu de la Lune, et R l'endroit où l'observateur voit le centre du Soleil ; commençons par calculer la distance RQ sur le plan de projection ; c'est l'hypoténuse d'un triangle rectangle dont les côtés sont (DF + RI) et (QD + FI).

Or $DF = (\delta - a) \cos \varphi$ (n° 55), $RI = \dfrac{FR}{FO} \times OH = \dfrac{\sin P \cos}{\sin p}\ a \cos \varphi$

$$FI = \frac{FR}{FO} \times FH = \frac{\sin P \cos \lambda}{\sin p} \left(\frac{\cos c \sin h}{\cos \varphi} + a \sin \varphi \right)$$

$$QD = QL - LD = vt - \left(\frac{\cos c \sin h}{\cos \varphi} + a \sin \varphi - \frac{\sin \lambda \sin \theta}{\sin p} \right).$$

On a, par conséquent, en posant $\pi = 1 - \dfrac{\cos \lambda \sin P}{\sin p}$

$$DF + RI = (\delta - \pi a) \cos \varphi$$

$$QD + FI = vt - \pi \left(\frac{\cos c \sin h}{\cos \varphi} + a \sin \varphi \right) + \frac{\sin \lambda \sin \theta}{\sin p}.$$

$$QR = \sqrt{(DF + RI)^2 + (QD + FI)^2}.$$

Il reste à trouver l'angle sous lequel le spectateur aperçoit cette distance QR. Pour y arriver, Duséjour commence par exprimer la grandeur des lignes menées de l'observateur M, l'une MR dont le prolongement passe au centre du Soleil, et l'autre MF perpendiculaire au plan de projection, et il cherche

---

(1) Duséjour trouve $\overline{5}$. 58341, en prenant $\lambda = 1° 44'$.

leur plus grande différence par la méthode des maxima ; il fait voir que cette différence est la plus grande possible lorsque l'angle β est de 31′ 2″ et qu'alors elle est moindre qu'un cent millionième du rayon de la Terre (1) ; on pourra donc remplacer MR par MF dont la valeur a été donnée ci-dessus, et que nous avons représentée par E. Considérant ensuite que l'angle formé par la droite MR avec RQ diffère d'un angle droit de moins de 9″, il prouve que si l'on regarde cet angle comme droit, l'erreur qui en peut résulter sur l'angle QMR, n'atteindra jamais 0″,002 (2).

Par suite, en appelant Δ la distance apparente des centres du Soleil et de la Lune, on a, sans erreur appréciable,

$$\tang \Delta = \frac{QR}{E}.$$

Si l'on remplace maintenant a et δ pour leurs valeurs, et que l'on désigne par A et B les longueurs DF + RI et QD + FI, multipliées par π, on a

$$(39)\ldots\begin{cases} A = \dfrac{\sin \lambda \cos \theta}{\pi \sin p} - (1 - \mu) \sin c \cos D \cos \varphi + \cos c \sin h \sin \varphi + \cos c \cos h \sin D \cos \varphi \\[2ex] B = \dfrac{vt}{\pi} + \dfrac{\sin \lambda \sin \theta}{\pi \sin p} - (1 - \mu) \sin c \cos D \sin \varphi - \cos c \sin h \cos \varphi + \cos c \cos h \sin D \sin \varphi \end{cases}$$

$$(40)\ldots\ldots \tang \Delta = \frac{\pi \sqrt{A^2 + B^2}}{E}$$

Posant encore $\tang H = \dfrac{A}{B}$, on a enfin

$$(41)\ldots\ldots \tang \Delta = \frac{\pi A}{E \sin H}$$

Telle est, aux notations près, la formule fondamentale de l'ouvrage de Duséjour ; elle détermine immédiatement la distance des centres du Soleil et de la Lune pour un lieu et une heure quelconques. Pour que dans l'application on ne se trompe pas sur les signes des quantités variables, on remarquera que nous avons supposé : 1° que la latitude de la Lune, la déclinaison du Soleil et la latitude de l'observateur étaient boréales ; 2° que la Lune et le Soleil s'approchaient du pôle boréal de l'écliptique ; 3° que la parallaxe lunaire augmentait, c'est-à-dire que la Lune se rapprochait du centre de la Terre ; 4° que l'angle horaire de l'observateur était compté après le passage du Soleil au méridien : il faudra donc avoir soin de changer convenablement les signes quand on sera dans les suppositions contraires.

Quand on voudra calculer les phénomèmes d'après les éléments des Tables, on pourra faire usage de la déclinaison solaire, de la parallaxe lunaire et de l'angle de l'orbite relative, correspondants à l'instant de la conjonction. « Cette légère inexactitude qui peut produire 2 ou 3 secondes sur les distances des centres calculées sera compensée par la facilité de former des Tables. » Dans l'expression de E on pourra également négliger le terme γt^2 lorsqu'il compliquera les calculs, la plus grande erreur qui puisse en résulter sur la distance des centres est moindre que 1″,3 (3ᵉ Mémoire, ann. 1765, § 23).

Nous observerons encore que l'angle RQD (*fig.* 19) que la ligne des centres du Soleil et de la Lune

<hr>

(1) 2ᶜ Mémoire, § 68 à 70.
(2)   Ibid.   § 71 à 73.

fait avec l'orbite relative, a pour tangente $\dfrac{DF + RI}{QD + FI} = \dfrac{A}{B}$; cet angle n'est donc pas autre chose que celui que nous avons désigné par H; il indique la partie du disque solaire auquel l'observateur rapporte le centre de la Lune.

59. L'auteur applique maintenant sa formule (41) à la résolution d'un grand nombre de problèmes qu'on peut se proposer sur les éclipses, et dont quelques-uns sont inabordables par les méthodes ordinaires. Il commence par chercher quelle est *la plus courte distance des centres* pour les divers lieux d'un même parallèle, et quel est le temps écoulé depuis la conjonction jusqu'à l'instant du phénomène (1), problème qui revient à se donner la latitude d'un lieu et l'heure de la plus grande phase, et calculer la quantité de cette plus grande phase et la longitude du lieu qui l'observe.

Appelant h l'angle horaire de l'observateur pour l'instant du calcul, et ε son angle horaire à l'instant de la conjonction, on a $t = \dfrac{h - \varepsilon}{15°}$. Introduisons cette valeur dans les expressions de A, B, E, Δ, et différentions, en ne regardant que l'angle horaire comme variable, nous aurons

$$(42)\ldots\ldots\left\{\begin{aligned}
\frac{dA}{dh} &= \quad \cos c \cos h \sin \varphi - \cos c \sin h \sin D \cos \varphi \\[2mm]
\frac{dB}{dh} &= -\cos c \cos h \cos \varphi - \cos c \sin h \sin D \sin \varphi - \frac{v}{\pi \operatorname{arc} 15°} \\[2mm]
\frac{dE}{dh} &= \quad \cos c \sin h \cos D - \frac{2\gamma t}{\operatorname{arc} 15°}
\end{aligned}\right.$$

et pour déterminer le minimum de la distance Δ des centres

$$A dA + B dB - \frac{(A^2 + B^2)\, dE}{E} = 0.$$

Cette équation peut être simplifiée en y négligeant le dernier terme; le reste exprime la condition pour que le côté QR (dont la valeur est $\pi \sqrt{A^2 + B^2}$) soit un minimum; l'erreur qui en résulte est absolument insensible (2); on a donc

$$B = -\frac{A dA}{dB}\,,\text{ et par suite, pour la plus courte distance des centres}$$

$$(43)\ldots\ldots \operatorname{tang} \Delta = \frac{\pi A \sqrt{dA^2 + dB^2}}{E dB}\,.$$

En introduisant encore l'angle RQD, ou H, on a $\operatorname{tang} H = \dfrac{A}{B} = -\dfrac{dB}{dA}$, et l'expression précédente devient

$$(44)\ldots\ldots \operatorname{tang} \Delta = \frac{\pi A}{E \sin H}\,.$$

---

(1) 3ᵉ Mémoire, 1765, art. IV.

(2) Duséjour fait voir (3ᵉ Mémoire, § 41 à 48) que lorsque le côté QR est minimum, l'accroissement de Δ est si petit que dans une minute de temps cet angle ne varie pas de $0^v{,}16$, de sorte que l'on peut donner pour symptôme du minimum de l'angle Δ la condition qui donne le minimum du côté QR.

Pour déterminer le temps écoulé depuis la conjonction jusqu'à l'instant de la plus grande phase, nous chercherons le chemin parcouru par la Lune dans cet intervalle ; or si nous posons

$$F = - \frac{\sin \lambda \sin \theta}{\pi \sin p} + (1 - \mu) \sin c \cos D \sin \varphi + \cos c \sin h \cos \varphi - \cos c \cos h \sin D \sin \varphi$$

ce chemin est, en général, $LQ = \pi (F + B)$, et dans le cas de la plus grande phase

$$LQ = vt = \pi \left(F - \frac{A dA}{dB} \right),$$

par conséquent le temps écoulé depuis la conjonction jusqu'à l'instant de la plus grande phase est donné par l'équation

$$(45)\ldots\ldots t = \frac{\pi}{v} \left(F - \frac{A dA}{dB} \right)$$

Au moyen du problème précédent on peut déterminer la quantité et l'heure de la plus grande phase observée sous un parallèle donné, d'heure en heure, ou pour des intervalles aussi rapprochés qu'on voudra. On aura en même temps l'angle que la ligne des centres fait avec l'orbite relative, par la formule tang $H = - \dfrac{dB}{dA}$.

60. Parmi tous les lieux qui observent une plus grande phase, il y en a qui méritent une attention particulière ; ce sont ceux qui éprouvent le phénomène *au lever et au coucher du Soleil*. Or, pour tous ces lieux, leur distance à l'horizon absolu est nulle ; on a donc, d'après le n° 56, la condition

$$(1 - \mu) \sin c \sin D + \cos c \cos h \cos D = o, \text{ d'où}$$

$$(46)\ldots\ldots\ldots \cos h = - (1 - \mu) \text{ tang } c \text{ tang } D.$$

Il n'y a ainsi qu'à substituer cette valeur dans les équations du n° précédent, pour avoir les formules relatives au cas actuel. On remarquera qu'à la valeur de $\cos h$ en répondent deux égales et de signe contraire pour $\sin h$; l'une est relative au coucher et l'autre au lever du Soleil.

Il ne reste plus qu'à conclure la longitude du lieu, connaissant l'angle horaire de ce lieu à l'instant de la phase et le temps écoulé depuis la conjonction, question qui ne présente aucune difficulté.

Si l'on épuise les différents parallèles terrestres, en les prenant par exemple de 10° en 10°, les deux problèmes que nous venons de résoudre donneront une idée assez complète de l'éclipse sur tous les points de la Terre.

61. Si l'on veut trouver quelle est *la plus grande ou la plus petite phase possible qu'on puisse observer sous un parallèle donné*, et quel est le lieu où cette phase est visible, il faudrait déterminer le minimum de l'expression tang $\Delta = \dfrac{\pi A \sqrt{dA^2 + dB^2}}{E dB}$, ou $\dfrac{\pi A}{E \sin H}$.

Duséjour cherche de deux manières à simplifier ce calcul. On a vu que l'angle QMR était minimum avec le côté QR dont la valeur générale est $\pi \sqrt{A^2 + B^2}$, et, dans la supposition de $A dA + B dB = o$,

$$\pi A \sqrt{1 + \left(\frac{dA}{dB} \right)^2}.$$

Il suffit donc d'égaler à zéro la différentielle par rapport à h de l'expression précédente, ce qui conduit à l'équation

$$dA \left[dA^2 + dB^2 + A dB d \left(\frac{dA}{dB} \right) \right] = o ;$$

Elle est d'abord satisfaite par $dA = o$. De là, eu égard aux valeurs de dA et tang H, on tire

$$(47)\ldots\ldots \text{ tang } h = \frac{\text{tang } \varphi}{\sin D} \,;\; H = 90° \,;\; \text{tang } \Delta = \frac{\pi A}{E}.$$

Le second facteur entre crochets, égalé à zéro, conduit à le même conclusion $H = 90°$, mais d'une manière différente (1).

Ainsi le lieu qui observe la plus grande phase possible sous un parallèle quelconque, est celui pour lequel les centres du Soleil et de la Lune sont sur une même perpendiculaire à l'orbite relative.

Pour tout autre lieu du même parallèle, la ligne des centres correspondante à l'instant de la plus grande phase n'est pas rigoureusement perpendiculaire à l'orbite relative, mais s'écarte plus ou moins de cette perpendiculaire, tantôt d'un côté, tantôt de l'autre. Si l'on veut trouver le plus grand écart sous une latitude donnée, on remarquera que l'angle qui mesure cet écart est le complément de celui que nous avons désigné par H : en représentant par η l'angle en question, on a $\text{tang}\,\eta = -\dfrac{dA}{dB}$. Différentions en regardant encore l'angle horaire h comme seule variable, et faisons $d\eta = o$, il vient $dAd^2B - dBd^2A = o$, condition qui donne les équations

$$\sin h \sin \varphi + \cos h \sin D \cos \varphi = \cos c \sin D \frac{\pi.\text{ arc }15°}{v},$$

$$\text{et tang }\eta = -\frac{d^2A}{d^2B} = \frac{\sin h \sin \varphi + \cos h \sin D \cos \varphi}{\sin h \cos \varphi - \cos h \sin D \sin \varphi}.$$

La première de ces équations fera connaître les deux angles horaires correspondants au maximum d'écart, la seconde donne cet écart lui-même.

On sent maintenant combien on peut s'écarter du véritable instant de la plus grande phase en prenant pour cet instant le moment où la Lune et la projection de l'observateur sont dans la perpendiculaire à l'orbite relative. En effet, reprenons l'équation (45) qui exprime le temps écoulé depuis la conjonction jusqu'au véritable instant de la plus grande phase ; la partie $-\dfrac{\pi A dA}{v dB}$ exprime le temps écoulé depuis le passage de la Lune par la perpendiculaire abaissée de la projection de l'observateur sur l'orbite relative, jusqu'à l'instant de la plus grande phase, et puisque $-\dfrac{dA}{dB} = \text{tang }\eta$, ce temps est égal à $\dfrac{\pi A \text{ tang }\eta}{v}$, quantité qui, étant négligée, influe évidemment sur l'exactitude du résultat (2).

Dans son 4ᵉ Mémoire (3), l'auteur revient sur la question du maximum de plus grande phase, et après avoir comparé les résultats dans les circonstances les moins favorables avec ceux donnés par la formule rigoureuse, il conclut que l'on peut encore déterminer ce maximum par l'équation

$$EdA - AdE = o$$

---

(1) Voy. 3ᵉ Mémoire, §§ 85 et 86.

(2) Duséjour a trouvé qu'il y aurait une erreur de $3° 35 \frac{1}{4}$ sur la longitude, et de 0 h. 35 m. 49 s. sur l'heure de la plus grande phase, pour la latitude de 16° 57′ (dans l'éclipse du 1ᵉʳ avril 1764), si l'on supposait que la plus grande phase arrivait dans la perpendiculaire à l'orbite relative. (3ᵉ Mém. art. X.)

(3) Mémoires de l'Acad. des sciences, 1766, art. III, § 132 et 137.

obtenue en différentiant l'expression de la tangente de la plus courte distance, $\dfrac{\pi A}{E \sin H}$, et en y regardant l'angle H comme une quantité constante. De plus on néglige le terme γt^2 dans l'expression de E, ce qui revient à supposer le plan de projection invariable de position. De cette manière on arrive à l'équation

$$P \sin h + Q \cos h = R$$

dans laquelle $P = -\dfrac{\sin \lambda \cos \theta \cos D}{\pi \sin p} - \dfrac{\cos \lambda \sin D \cos \varphi}{\sin p} + (1 - \mu) \sin c \cos \varphi$

$$Q = \dfrac{\cos \lambda \sin \varphi}{\sin p} - (1 - \mu) \sin c \sin D \sin \varphi$$

$$R = \cos c \cos D \sin \varphi$$

En posant $\tang \psi = \dfrac{Q}{P}$, il vient $\sin (\psi + h) = \dfrac{R \cos \psi}{P}$.

Cette équation, de même que l'équation (47) conduit à deux valeurs pour h, dont l'une correspond à un maximum et l'autre à un minimum de plus grande phase. L'auteur démontre qu'en suivant l'une ou l'autre méthode, l'erreur ne va pas au delà de quelques tierces de degrés.

62. *De l'éclipse centrale.* La tangente de la plus courte distance des centres étant exprimée par $\dfrac{\pi A}{E \sin H}$, on voit que l'on a la condition $A = 0$ pour que le centre de la Lune se projette sur le centre du Soleil. Cette condition est, d'après le n° 58,

$$(48)\dots\dots \frac{\sin \lambda \cos \theta}{\pi \sin p \cos \varphi} - (1 - \mu) \sin c \cos D + \cos c \sin h \tang \varphi + \cos c \cos h \sin D = o$$

Comme cette équation exprime la relation entre la latitude des lieux qui observent successivement l'éclipse centrale, et l'heure qu'on compte dans ces lieux à l'instant du phénomène, on peut donner la latitude et demander l'heure correspondante, ou réciproquement donner l'heure et demander la latitude. On n'aura, dans tous les cas, qu'à résoudre une équation de la forme $M \sin x + N \cos x = P$, chose facile par l'emploi d'un angle auxiliaire.

La détermination de la longitude des lieux éclipsés centralement est également très-simple si l'on connaît la latitude et l'angle horaire ; car dans le cas de l'éclipse centrale, l'équation (45) se réduit à

$$(49)\dots t = \frac{\pi F}{v} = -\frac{\sin \lambda \sin \theta}{v \sin p} + \frac{\pi}{v}(1 - \mu)\sin c \cos D \sin \varphi + \frac{\pi}{v}\cos c \sin h \cos \varphi - \frac{\pi}{v}\cos c \cos h \sin D \sin \varphi$$

On connaîtra donc le temps écoulé depuis la conjonction en substituant à c et h dans cette dernière équation les valeurs qui conviennent à la question proposée ; la longitude du lieu s'en déduit immédiatement. Ainsi l'on saura déjà construire par points la courbe de centralité.

63. Veut-on connaître les points extrêmes de cette courbe, c'est-à-dire les lieux qui observent *l'éclipse centrale au lever et au coucher du Soleil* (1), on devra éliminer l'angle h entre les équations (48) et (46). Les calculs, un peu longs, conduisent à l'équation du second degré

---

(1) 4ᵉ Mém., ann. 1766, art. I, sect. V, p. 223.

$$\sin^2 c - 2\,\mathrm{P}\sin c + \mathrm{Q} = o$$

dans laquelle on a fait $\mathrm{P} = \dfrac{(1 - \mu)\,\sin \lambda\,\cos \theta\,\cos \mathrm{D}}{\pi\,\sin p\,\cos \varphi\,\mathrm{T}}$, $\mathrm{Q} = \dfrac{\cos^2 \mathrm{D}}{\mathrm{T}}\left(\dfrac{\sin^2 \lambda\,\cos^2 \theta}{\pi^2\,\sin^2 p\,\cos^2 \theta} - \sin^2 \varphi\right)$

$$\mathrm{T} = \cos^2 \mathrm{D}\,\mathrm{tang}^2 \varphi + (1 - \mu)^2\,(1 + \sin^2 \mathrm{D}\,\mathrm{tang}^2 \varphi).$$

L'une des racines répond au lever, l'autre au coucher du Soleil.

S'agit-il de déterminer le point de cette courbe qui est *le plus rapproché ou le plus éloigné du pôle* (1), il faudra différencier l'équation (48) par rapport aux variables c et h, et faire $dc = o$; cela conduit encore à l'équation $\mathrm{tang}\ h = \dfrac{\mathrm{tang}\ \varphi}{\sin \mathrm{D}}$, déjà obtenue au n° 61 en cherchant la plus grande phase qu'on puisse observer sous un parallèle quelconque; elle donne, en général, deux angles horaires différant de 180°, qui répondent à la question. Pour avoir la latitude elle-même, il ne reste qu'à substituer chacune de ces valeurs de h dans l'équation (48), et résoudre par rapport à c. Si l'on pose

$$\mathrm{tang}\ \psi = \pm\ \frac{\sqrt{\sin^2 \mathrm{D} + \mathrm{tang}^2 \varphi}}{(1 - \mu)\,\cos \mathrm{D}}$$

on arrive à l'équation

$$\sin (c \pm \psi) = \frac{\sin \lambda\,\cos \theta}{\pi\,\sin p\,\cos \varphi} \times \frac{\cos \psi}{(1 - \mu)\,\cos \mathrm{D}}\ .$$

Comme la latitude ne peut jamais dépasser $\pm\ 90°$, on n'obtient que deux valeurs pour c : l'une donne le point le plus boréal, l'autre le point le plus austral de la courbe de centralité.

Il pourrait se faire que la dernière égalité donnât des valeurs imaginaires pour l'angle $(c \pm \psi)$; cela indiquerait que l'éclipse centrale passe au delà de la Terre. Ainsi la *condition pour que l'éclipse centrale puisse être observée sar la terre* est la suivante :

$$\frac{\sin \lambda\,\cos \theta\,\cos \psi}{\pi\,\sin p\,\cos \varphi\,(1 - \mu)\,\cos \mathrm{D}} \overset{=}{<}\ 1,$$

en ne considérant que les valeurs absolues; on tire de là, en mettant pour $\cos \psi$ sa valeur :

$$\sin \lambda \overset{=}{<} \frac{\pi\,\sin p}{\cos \theta}\,\sqrt{1 - (2\mu - \mu^2)\,\cos^2 \mathrm{D}\,\cos^2 \varphi}\ (2).$$

Dans le cas de l'égalité, il y a un point unique sur la Terre d'où l'on pourra observer l'éclipse centrale.

64. Pour trouver quel est *le lieu qui observe l'éclipse centrale à un instant physique assigné*, par exemple t heures après la conjonction (3), il faudra entre les équations (18) et (49) éliminer l'angle horaire h, et résoudre l'équation par rapport à c. En posant

$$\mathrm{G} = \frac{1}{\pi}\left(vt\,\cos \varphi - \frac{\sin \lambda\,\sin \varkappa}{\sin p}\right),\ \mathrm{K} = \frac{1}{\pi\,\sin \mathrm{D}}\left(vt\,\sin \varphi + \frac{\cos \varkappa\,\sin \pi}{\sin p}\right)$$

on obtient d'abord

$$(50)\ \dots\dots\ \begin{cases} \cos c\,\sin h = \mathrm{G}, \\ \cos c\,\cos h = (1 - \mu)\,\sin c\,\cot \mathrm{D} - \mathrm{K}\,; \end{cases}$$

---

(1) Ibid. page 204.

(2) Comparez avec Duséjour, Mém. de l'Acad., ann. 1766, sect. VI, p. 230.

(3) Ibid., sect. XI, p. 243.

Ajoutant les carrés de ces équations membre à membre, on arrive à l'équation

$$(51)\ldots\ldots \sin^2 c - 2\,\text{N} \sin c + \text{M} = o$$

dans laquelle $\text{N} = \dfrac{\text{K}\,(1 - \mu)\cot \text{D}}{1 + (1 - \mu)^2 \cot^2 \text{D}}$, $\text{M} = \dfrac{\text{K}^2 + \text{G}^2 - 1}{1 + (1 - \mu)^2 \cot^2 \text{D}}$, et qui fera connaître la latitude du lieu cherché; les deux équations (50), donneront l'angle horaire correspondant, et enfin la longitude se conclura de la comparaison de l'angle horaire avec le temps écoulé depuis la conjonction.

Il faut convenir que si l'on devait se servir de ces équations pour tracer la route de l'éclipse centrale sur la surface de la Terre, les calculs seraient infiniment trop longs pour le but que l'on se propose, et que la méthode des projections donnée précédemment (n° 45), quoique moins rigoureuse, mérite de beaucoup la préférence.

65. *Durée totale de l'éclipse centrale.* Nous remarquons que dans l'équat. (51) la relation $\text{N}^2 - \text{M} = o$ est la dernière possible qui soit propre à donner pour *sin c* des valeurs réelles; elle doit donc faire connaître le premier et le dernier des instants où l'éclipse centrale puisse être observée sur notre globe. Cette relation revient à

$$\text{K}^2 + (\text{G}^2 - 1)\left[1 + (1 - \mu)^2 \cot^2 \text{D}\right] = o,$$

ou, en remplaçant K et G par leurs valeurs,

$$\left(vt \sin \varphi + \frac{\sin \lambda \cos \varkappa}{\sin p}\right)^2 + \left[\left(vt \cos \varphi - \frac{\sin \lambda \sin \varkappa}{\sin p}\right)^2 - \pi^2\right]\left[\sin^2 \text{D} + (1 - \mu)^2 \cos^2 \text{D}\right] = 0$$

Cette équation, résolue par rapport à t, conduit à une autre de la forme

$$\text{S}t^2 + 2\,\text{V}t - \text{U} = o$$

dont les deux racines déterminent, l'une le premier instant où l'éclipse centrale atteint la Terre, et l'autre le dernier instant. La différence entre ces deux valeurs, $\dfrac{2}{\text{S}}\sqrt{\text{V}^2 + \text{SU}}$, exprime donc le temps que l'ombre de la Lune emploie à parcourir notre globe. On a posé ici

$$\text{S} = v^2\left[1 - (2\mu - \mu^2)\cos^2 \text{D}\cos^2 \varphi\right], \quad \text{V} = \frac{v \sin \lambda}{\sin p}\left[\sin \theta + (2\mu - \mu^2)\cos^2 \text{D}\cos \varphi \sin \varkappa\right]$$

$$\text{U} = -\frac{\sin^2 \lambda}{\sin^2 p}\left[1 - (2\mu - \mu^2)\cos^2 \text{D}\sin^2 \varkappa\right] + \pi^2\left[1 - (2\mu - \mu^2)\cos^2 \text{D}\right].$$

On peut se proposer (1) de chercher quelle latitude lunaire donne un *maximum* pour le temps que l'ombre met à traverser la Terre, en supposant connus les autres éléments; il suffirait pour cela de différentier l'expression $\dfrac{2}{\text{S}}\sqrt{\text{V}^2 + \text{SU}}$, en n'y supposant que λ de variable; ainsi S est constant, et l'on obtient pour condition du problème$\ldots\ldots$ $2\text{V}d\text{V} + \text{S}d\text{U} = o.$

Cette équation devient après toute réduction,

$$\frac{v^2 \cos^2 \theta}{\sin^2 p}\sin 2\lambda\left[1 - (2\mu - \mu^2)\cos^2 \text{D}\right]d\lambda = o.$$

Elle est satisfaite pour $\lambda = o$, car les autres facteurs $\dfrac{v \cos \theta}{\sin p}$, $1 - (2\mu - \mu^2)\cos^2 \text{D}$ ne peuvent être

---

(1) Ibid., sect. XIII.

supposés nuls. Ainsi, toutes choses égales d'ailleurs, l'ombre de la Lune emploie le plus grand temps possible à parcourir la Terre, *lorsque la latitude de la Lune à l'instant de la conjonction est nulle.* La durée de l'éclipse centrale est dans ce cas

$$2 \sqrt{\frac{U}{S}} = \frac{2\pi}{v} \sqrt{\frac{1 - (2\mu - \mu^2) \cos^2 D}{1 - (2\mu - \mu^2) \cos^2 D \cos^2 \varphi}}.$$

Cette durée, qui serait égale à $\dfrac{2\pi}{v}$ ou $\dfrac{2 (\sin p - \sin P) \cos \theta}{\sin (m - m')}$ dans l'hypothèse de $\mu = o$ ou de la Terre sphérique, est moindre dans tous les autres cas, excepté toutefois lorsque $\cos \varphi = 1$ (1), c'est-à-dire *lorsque l'orbite relative de la Lune est perpendiculaire au plan du méridien universel;* en effet l'ombre du centre de la Lune parcourt alors la Terre dans le sens de l'équateur.

Les circonstances qui donnent *la plus longue durée de l'éclipse centrale* sont donc : 1° $\lambda = o$, 2° $\varphi = o$; en outre 3° $\dfrac{\sin (m - m')}{\cos \theta}$ ou *le mouvement horaire dans l'orbite relative le plus petit possible;* et enfin 4° $(\sin p - \sin P)$ *maximum,* c'est-à-dire *la Lune au périgée et le Soleil à l'apogée.*

66. Dans son cinquième Mémoire (2), Duséjour traite des différentes *lignes des phases,* c'est-à-dire de la détermination des lieux qui voient la même plus grande phase d'éclipse ; ce problème ne présente aucune difficulté théorique, vu qu'entre les deux inconnues c et h on a les deux relations

$$\text{tang } \Delta = \frac{\pi A}{E \cos \eta}, \quad \text{tang } \eta = - \frac{dA}{dB},$$

η étant l'angle que la ligne des centres fait avec la perpendiculaire à l'orbite relative. On peut d'ailleurs, dans la valeur de E, supprimer le terme γt^2, comme on l'a fait observer au n° 58.

On se donnera la distance des centres Δ et l'on supposera successivement différentes valeurs pour l'angle η; ce dernier angle ne surpassant jamais un grand nombre de degrés, on aura bientôt épuisé toutes les valeurs qui donnent des latitudes réelles. Les équations du problème seront de la forme

$$G \cos c \cos h + K \cos c \sin h = L \sin c + M$$
$$N \cos c \cos h + I \cos c \sin h = Q$$

et l'élimination de l'angle h conduit à une équation du second degré en $\sin c$.

67. *Lignes de simple contact.* Le problème de l'attouchement des limbes du Soleil et de la Lune pourrait être regardé comme un cas particulier du précédent, mais la solution rigoureuse exige que l'on ait égard à la variation du diamètre de la Lune avec son élévation au dessus de l'horizon. Il faut donc commencer par exprimer le demi-diamètre de la Lune en éléments lunaires. Pour cela, en appelant r le demi-diamètre horizontal et r' le demi-diamètre apparent actuel, on a

$$\frac{\sin r'}{\sin r} = \frac{\text{distance horizontale}}{\text{distance actuelle}};$$

or p désignant toujours la parallaxe horizontale équatoriale de la Lune, la distance horizontale $= \dfrac{1}{\text{tang } p}$: la distance actuelle est la distance de l'observateur M au point Q du plan de projection

---

(1) Duséjour n'arrive à cette conclusion de $\varphi = o$ qu'après de très-longs calculs ; sa méthode consiste à différentier l'expression $\dfrac{U}{S}$. (Voy. Mém. Acad. des sc., 1766, 4e Mémoire, sect. XIV.)

(2) Mém. de l'Acad., 1767, page 137.

(*fig.* 19); mais dans le triangle MQR, rectangle en R, on a $MQ = \dfrac{QR}{\sin \Delta} = \dfrac{E \, \text{tang} \, \Delta}{\sin \Delta}$ (n° 58); par

conséquent $\sin r' = \dfrac{\sin r \cos \Delta}{E \, \text{tang} \, p}$. Comme le rapport $\dfrac{\sin r}{\sin p}$ est constant et égal à 0,2725, il vient enfin,

en désignant par k le produit $0{,}2725 \cos p$,

$$\sin r' = \frac{k \, \cos \Delta}{E}.$$

Or pour le contact extérieur des disques du Soleil et de la Lune, Δ est égal à la somme $R + r'$ des demi-diamètres du Soleil et de la Lune, et pour le contact intérieur, $\Delta = \pm (R - r')$, de sorte qu'on a

$$\text{pour le contact extérieur } \sin (\Delta - R) = \frac{k \, \cos \Delta}{E}, \text{ d'où tang } \Delta = \frac{E \sin R + k}{E \cos R}, \quad (1)$$

$$\text{pour le contact intérieur } \sin (R \pm \Delta) = \frac{k \, \cos \Delta}{E}, \text{ d'où tang } \Delta = \pm \frac{E \sin R - k}{E \cos R}$$

Egalant cette valeur de tang Δ à celle qui correspond à la plus grande phase, on arrive aux équations suivantes :

$$\left. \begin{array}{l} \text{Pour le contact extérieur : } E \sin R + k = \dfrac{\pi A \cos R}{\cos \eta} \\[2ex] \text{\textquotedbl} \qquad \text{\textquotedbl} \quad \text{intérieur : } E \sin R - k = \pm \dfrac{\pi A \cos R}{\cos \eta} \end{array} \right\} \text{avec tang } \eta = -\frac{dA}{dB},$$

que l'on résoudra en prenant des valeurs particulières pour la latitude c et tirant la valeur correspondante de l'angle h.

Si l'on voulait introduire dans la question un nouvel élément dépendant de l'inflexion des rayons solaires près de la Lune, on n'aurait qu'à supposer le demi-diamètre du Soleil plus grand ou plus petit d'une certaine quantité i, suivant qu'on calculera un contact intérieur ou extérieur.

La solution du problème des attouchements se simplifie si l'on suppose que la plus courte distance des centres est perpendiculaire à l'orbite relative; l'erreur qui en résulte est ici peu importante. Dans ce cas l'angle η est nul et on a les équations

$$\left. \begin{array}{l} E \sin R + k = \quad \pi A \cos R \\ \text{ou } E \sin R - k = \pm \pi A \cos R \end{array} \right\} \text{avec } dA = o,$$

et l'instant physique du phénomène est donné par l'équation $t = \dfrac{\pi F}{v}$, qui exprime le temps écoulé depuis la conjonction.

En comparant les observations faites sur l'éclipse annulaire du 1er avril 1764 avec les résultats des calculs, Duséjour a été conduit à la connaissance de l'*inflexion* des rayons solaires sur les bords de la Lune, et de l'*irradiation*; il attribue la première à la présence d'une atmosphère rare qui entoure la Lune et qui réfracte les rayons solaires; il estime la quantité de cette inflexion à $4''{,}5$ (2), ce qui semble un peu trop.

---

(1) Duséjour donne une équation plus compliquée, voy, 5e Mém., § 46 et 48.
(2) Voy. 5e Mém. art. III. sect. IV, et art. IV et V.

L'auteur recherche ensuite (art. **VI**) quels sont les lieux qui observent la plus grande phase respective au même instant physique : c'est le problème des *phases simultanées;* les équations à employer sont les formules (44) et (45) du n° 59; les calculs sont du reste fort longs et les équations finales très-compliquées.

Dans le VI° Mémoire (1), (Art. 1, sect. **VIII**, § 78), il passe à la recherche des *courbes des plus grandes phases au lever et au coucher du Soleil;* la méthode est indirecte et les formules incommodes pour le calcul. Nous ne nous y arrêterons pas, ni sur les autres questions traitées dans ce Mémoire, et qui sont plus curieuses qu'utiles.

68. *Des courbes d'illumination* (2). Ces courbes, encore appelées lignes de contact au lever et au coucher du Soleil, peuvent être regardées comme un cas particulier des courbes, lieux géométriques des points de la Terre qui observent une phase déterminée lorsqu'on compte dans ces endroits respectifs une heure assignée quelconque.

En désignant par δ le nombre des doigts éclipsés, on a $\Delta = r' + R \left(1 - \dfrac{\delta}{6} \right)$, et éliminant encore r' entre cette équation et $\sin r' = \dfrac{k \cos \Delta}{E}$, il vient

$$\operatorname{tang} \Delta = \operatorname{tang} R \left(1 - \frac{\delta}{6} \right) + \frac{k}{E \cos R \left(1 - \dfrac{\delta}{6} \right)}.$$

On pourrait encore mettre $R \pm i$ à la place de R, pour avoir égard à l'inflexion des rayons solaires. Éliminons B entre l'équation (40) et l'équation $vt = \pi (F + B)$ du n° 59, nous aurons

$$\frac{E^2 \operatorname{tang}^2 \Delta}{\pi^2} = A^2 + \left(F - \frac{vt}{\pi} \right)^2.$$

Posons $L = \dfrac{E \operatorname{tang} \Delta}{\pi}$, $\operatorname{tang} \Delta$ ayant la valeur donnée ci-dessus, et nous aurons, pour déterminer à quel instant physique un lieu situé sous un parallèle donné observe une phase quelconque lorsqu'on compte dans ce lieu une certaine heure assignée, l'équation

$$\frac{vt}{\pi} = F \pm \sqrt{L^2 - A^2} \, ;$$

le signe inférieur appartient au lieu qui observe la phase avant le passage apparent du centre de la Lune par la perpendiculaire à l'orbite relative, menée par le centre du Soleil, l'autre au lieu qui voit la phase après ce passage. Connaissant t, on déterminera facilement la longitude du lieu.

Pour avoir les *courbes d'illumination proprement dites,* on n'a qu'à faire $\delta = o$ dans la valeur de L, et introduire la condition $\cos h = - (1 - \mu) \operatorname{tang} c \operatorname{tang} D$. (On n'a pas égard à la réfraction.) Si donc on pose $f = \sqrt{1 - (1 - \mu)^2 \operatorname{tang}^2 c \operatorname{tang}^2 D}$, ou $\sin h = \mp f$, le signe supérieur répondant au lever du Soleil, le signe inférieur au coucher, on aura

---

(1) Mém. de l'Acad. ; année 1768.
(2) Mém. de l'Acad. ; année 1769.

$$A = \frac{\sin \lambda \cos \theta}{\pi \sin p} - \frac{(1 - \mu) \sin c \cos \varphi}{\cos D} \mp f \cos c \sin \varphi$$

$$F = \cdots \frac{\sin \lambda \sin \theta}{\pi \sin p} + \frac{(1 - \mu) \sin c \sin \varphi}{\cos D} \mp f \cos c \cos \varphi$$

$$E = \frac{\cos \lambda}{\sin p} \,,\; L = \frac{\cos \lambda \sin R + k}{\pi \sin p \cos R} \,,$$

$$(52)\ldots\ldots t = \frac{\pi\,F}{v} \pm \frac{\pi}{v} \sqrt{L^2 - A^2}$$

On saura donc déterminer les lieux qui, sous les différents parallèles terrestres, observent soit le commencement, soit la fin de l'éclipse au lever et au coucher du Soleil. Un même calcul fournit ainsi huit points de la Terre, quatre sous le parallèle boréal et quatre sous le parallèle austral; ces huit points sont ceux pour lesquels $\sin h$ et $\cos h$ ont la même valeur absolue.

69. *Des sommets des courbes d'illumination.* La valeur de t tirée de la dernière équation peut être imaginaire par deux suppositions; la première, lorsque A et F sont imaginaires, la seconde, lorsque le radical l'est. La condition $f = o$, c'est-à-dire $\sin h = o$ donne donc une limite des courbes d'illumination; c'est le cas où *le Soleil est à l'horizon dans le méridien,* et par conséquent où *il se lève et se couche au même instant.* Dans ce cas on a tang $c = -\dfrac{\cot D}{1 - \mu}$; d'où $\sin c = \mp \dfrac{\cos D}{\rho'}$, en posant, pour abréger, $\sqrt{\cos^2 D + (1 - \mu)^2 \sin^2 D} = \rho'$; (cette quantité n'est autre chose que le rayon terrestre correspondant à la latitude D). Les valeurs de A et de F deviennent, par suite,

$$A = \frac{\sin \lambda \cos \theta}{\pi \sin p} + \frac{\cos \varphi}{\rho'} \,,\; F = - \frac{\sin \lambda \sin \theta}{\pi \sin p} + \frac{\sin \varphi}{\rho'}$$

Le reste du calcul est le même que dans le cas général. On connaîtra donc ainsi les sommets des courbes d'illumination situés sous le dernier des parallèles terrestres où le Soleil puisse se lever et se coucher.

L'hypothèse de $L^2 - A^2 = o$ déterminera les lieux qui, les derniers, voient un contact au lever et au coucher du Soleil; cette équation donnera encore les sommets des courbes d'illumination. Mettons pour A et L leurs valeurs, dans l'égalité $L \mp A = o$, et posons

$$N = \frac{\cos D}{\pi \sin p \cos R} [\sin \lambda \cos R \cos \theta \mp (\cos \lambda \sin R + k)] \text{ on obtient la condition}$$

$$(53)\ldots\ldots N - (1 - \mu) \sin c \cos \varphi + f \cos c \sin \varphi \cos D = o.$$

On prendra le signe — de f, si la dernière phase arrive au lever, et le signe $+$ si elle arrive au coucher.

Remplaçons-y f par sa valeur et résolvons par rapport à $\sin c$, il vient l'équation

$$M \sin^2 c - 2 (1 - \mu) N \cos \varphi \sin c + N^2 - \sin^2 \varphi \cos^2 D = o$$

dans laquelle M représente $(1 - \mu)^2 + (2\mu - \mu^2) \sin^2 \varphi \cos^2 D$.

Cette dernière équation donne en général deux latitudes pour chacune des deux valeurs de N, c'est-à-dire quatre solutions; mais quelquefois il n'y en a que deux de réelles, et c'est alors la première hypothèse qui donne les autres sommets. Pour savoir si les valeurs obtenues pour c se rapportent au lever ou au coucher du Soleil, on n'a qu'à les substituer dans l'équation (53) et voir quel est le signe de f qui convient.

Lorsqu'on connaîtra la latitude du lieu, le temps écoulé depuis la conjonction jusqu'à l'instant du phénomène sera donné par

$$t = \frac{\pi F}{v},$$

vu que le radical est nul dans l'équation (52).

Remarquons ici un cas particulier, celui où indépendamment de $f = o$ on a encore $L^2 - A^2 = o$; les deux sommets donnés simultanément par ces équations, et qui dans le cas général sont distincts et séparés sous le même parallèle, se réunissent ici en un seul et même point; la durée de l'éclipse y est instantanée ainsi que l'apparition du Soleil sur l'horizon.

70. *Détermination du lieu de la Terre qui voit le premier le commencement de l'éclipse ou le dernier la fin.* Pour résoudre cette question, il ne s'agit que de chercher les points des courbes d'illumination correspondants au maximum ou au minimum de t. Il faudra donc différentier l'expression $F \pm \sqrt{L^2 - A^2}$ par rapport à c, ce qui donne

$$\sqrt{L^2 - A^2}\, dF \mp A\, dA = o, \quad \text{ou encore} \quad L\, dF \pm A\sqrt{dA^2 + dF^2} = o,$$

et, en substituant à dA et dF leurs valeurs :

(54)... $L\,[(1 - \mu)\, f \cos c \cos D \sin \varphi \pm \rho' \sin c \cos \varphi] = \pm A \cos D \sqrt{(1 - \mu)^2 + (2\mu - \mu^2)\, \rho' \sin^2 c}$

Le signe $+$ du second terme du premier membre est pour le lever du Soleil, le signe $-$ pour le coucher. L'élimination des radicaux conduirait à une équation complète du 4e degré ; mais si l'on observe que le second terme du radical a pour facteur $(2\mu - \mu^2)$, quantité qui s'évanouit dans l'hypothèse de la Terre sphérique, on pourra réduire ce second membre à $\pm A \cos D\, (1 - \mu)$. On arrivera même à toute l'exactitude désirable en supposant, pour le lever par exemple, l'équation

$$L\,[(1 - \mu)\, f \cos c \cos D \sin \varphi + \rho' \sin c \cos \varphi] = \pm A \cos D\, \gamma;$$

on fera un premier calcul, en faisant $\gamma = (1 - \mu)$ et on conclura une première valeur approchée de c. Soit c' la valeur trouvée; on fera un second calcul en supposant $\gamma = \sqrt{(1 - \mu)^2 + (2\mu - \mu^2)\, \rho' \sin^2 c'}$ et l'on aura la valeur exacte de c dans l'hypothèse de l'aplatissement.

Quand on aura déterminé les lieux qui reçoivent la première et la dernière impression de la pénombre lunaire, ainsi que l'heure correspondante, on connaitra aussi la *durée totale de l'éclipse générale.*

La discussion des racines tirées des équations (54) conduit à toutes les formes des courbes d'illumination ; ce que nous en avons dit (n°s 49 à 51) nous dispense de nous y arrêter ici. Duséjour traite encore de plusieurs problèmes de pure curiosité sur ces courbes ; ainsi il cherche la plus grande largeur des ovales (1); les nœuds ou intersections des diverses branches (2); les points de passage de la courbe de commencement à celle de fin (3); les longitudes extrêmes entre lesquelles ces courbes sont renfermées, etc. (4). Nous ne nous y arrêterons pas davantage.

Nous ferons toutefois encore la remarque que la réfraction horizontale, qui jusqu'ici a été négligée, doit altérer les courbes d'illumination. Si nous concevons le triangle sphérique formé par le pôle P de l'équateur, le Soleil S supposé au-dessus de l'horizon d'une hauteur H, et le zénith Z de l'observateur, ce triangle donne, abstraction faite de la réfraction et de la parallaxe,

---

(1) Mém. de l'Acad. 1759. Art. I, sect. VI ($\S$ 59).

(2) Ibid. sect. VIII, ($\S$ 63).

(3) Ibid. sect X, ($\S$ 107).

(4) Ibid. sect XI ($\S$ 114).

$$\sin H = \sin l \sin D + \cos l \cos D \cos h,$$

l étant la latitude vraie de l'observateur. Or la parallaxe abaisse l'astre, la réfraction l'élève; donc lorsque le Soleil est à l'horizon apparent,

$$\sin H = \sin (P - r),$$

P étant la parallaxe horizontale du Soleil, et r la réfraction horizontale; l'égalité ci-dessus donne alors

$$\cos h = - \operatorname{tang} l \operatorname{tang} D + \frac{\sin (P - r)}{\cos l \cos D}$$

et c'est là la valeur de h qu'il faudrait employer, au lieu de celle donnée par l'équ. (46) du n° 60, si l'on voulait mettre la dernière exactitude dans la construction des courbes d'illumination.

Dans la seconde partie de son travail (1), Duséjour applique ses formules aux observations, et en déduit la correction des éléments des Tables et des longitudes du lieu où l'éclipse a été observée : questions qui sortent du cadre que nous nous sommes tracé.

III. MÉTHODE DE DELAMBRE (2).

71. Pour appliquer cette méthode au calcul de l'éclipse générale pour les différents lieux de la Terre, on commencera par former une Table donnant de 10^m en 10^m, pendant toute la durée de l'éclipse, la distance *vraie* des centres du Soleil et de la Lune, ainsi que les angles que la ligne des centres forme avec les cercles de déclinaison des deux astres.

Dans ce but on calculera, pour une ou deux heures différentes avant et après la conjonction, la déclinaison et l'ascension droite du Soleil et de la Lune; on y joindra encore la parallaxe horizontale p et le demi-diamètre vrai r de la Lune pour les mêmes instants. En désignant par D la déclinaison du Soleil, par D' celle de la Lune, par A la différence des ascensions droites du Soleil et de la Lune, les analogies de Néper appliquées au triangle sphérique PSL (*fig.* 24) donnent

$$\operatorname{tang} \tfrac{1}{2} (L + S) = \cot \tfrac{1}{2} A \, \frac{\cos \frac{1}{2} (D - D')}{\sin \frac{1}{2} (D + D')}$$

$$\operatorname{tang} \tfrac{1}{2} (L - S) = \cot \tfrac{1}{2} A \, \frac{\sin \frac{1}{2} (D - D')}{\cos \frac{1}{2} (D + D')} \, ; \text{ puis } \sin \Delta = \frac{\cos D \sin A}{\sin L} .$$

Ayant calculé quatre valeurs correspondantes de Δ, L et S on aura les éléments suffisants pour faire par interpolation la Table en question.

Soit HH' l'horizon et HMPH' le méridien de Paris, par exemple; P le pôle du monde; S le lieu vrai du Soleil, L celui de la Lune, SL la distance vraie des centres, Δ. La étant le demi-diamètre de la Lune et Sb celui du Soleil, ab sera la distance des bords, telle qu'elle serait vue du centre de la Terre.

Prolongeons l'arc SL et supposons en Z le zénith d'un certain lieu de la Terre : l'effet de la parallaxe en cet endroit sera de rapprocher la Lune et le Soleil de l'horizon, et si $aZ = 90°$, le bord de la Lune descendra de toute la parallaxe horizontale p; le Soleil descendra seulement de P, de sorte

---

(1) Mém. de l'Acad. 1770; 8ª mém ; p. 263.

(2) Astronomie théorique et pratique, Paris, 1814, t. III, p. 371. — Abrégé d'astronomie, 1813, leçon XV, p. 388.

que les bords des deux astres se rapprocheront de $p - P$; il résulte de là que dès que la distance vraie des centres, par suite du mouvement relatif de la Lune, sera réduite à la quantité $p - P$, il existe un lieu dont le zénith est situé sur le prolongement de SL à 90° de b, et qui verra le bord de la Lune en contact avec celui du Soleil ; et notons qu'alors $SL = p - P + r + R$, ce qui est précisément le rayon qui a servi à nous donner le commencement et la fin de l'éclipse générale (n° 32).

Pour connaître le lieu dont le zénith est Z, menons l'arc PZ qui sera le complément de la latitude du lieu ; l'angle MPZ sera la différence entre l'angle horaire du lieu et celui de Paris ; or l'angle horaire de Paris, SPM est connu par l'heure pour laquelle la distance LS a été obtenue ; il suffira donc de calculer l'angle horaire $SPZ = h$ pour connaître également MPZ. Mais dans le triangle SPZ, on connait l'angle S, qui est le même que celui que nous avons désigné par α dans la méthode des projections ; le côté $PS = 90° - D$, et le côté $SZ = z$; on aura donc, pour déterminer la latitude l et l'angle horaire h, les formules (32) ou (33) du n° 43, et qui, dans le cas actuel où $z = 90° + R$, deviennent

$$\sin l = \cos R \cos D \cos \alpha - \sin R \sin D$$

$$\cot h = - \frac{\tan g\, R \cos D}{\sin \alpha} - \sin D \cot \alpha ;$$

ensuite *longitude cherchée* $= L - H + h$, L étant la longitude du lieu du calcul (Paris), et H l'angle horaire de Paris, la longitude cherchée sera à l'occident de Paris en supposant S dans la partie orientale du ciel et l'heure de Paris une heure de la matinée ; dans le cas contraire, le lieu serait à l'orient de Paris et l'on aurait.... *longit.* $= L + H - h$.

Dans tous les cas, le lieu ainsi déterminé est le premier qui ait un simple contact ; c'est celui qui voit le commencement de l'éclipse générale ; car tout autre point de l'arc LZ aurait une parallaxe plus petite, et les deux bords ne se rejoindraient pas ; et pour un point situé hors de l'arc LZ, la parallaxe agirait obliquement, et la composante dirigée suivant LS serait évidemment moindre que $p - P$.

Quant à l'heure à laquelle la distance LS est devenue égale à $p - P + r + R$, une simple proportion entre les nombres de la Table préliminaire la fera connaître.

72. Quelques minutes plus tard, la distance des centres aura diminuée, et il suffira d'une parallaxe moindre pour amener les bords en contact. Soit bZ la distance zénithale qui donnera la parallaxe nécessaire pour annuler l'intervalle ab ; l'on aura

$$ab = (p - P) \sin bZ, \text{ d'où } \sin bZ - \frac{\Delta - r - R}{p - P}, \text{ et } SZ = bZ + R.$$

Les formules (32) feront donc connaître le lieu qui verrait alors un contact, mais il ne le verrait pas à l'horizon.

Or le demi-diamètre de la Lune augmente avec son élévation au-dessus de l'horizon ; si l'on veut tenir compte de cette augmentation, on fera un premier calcul avec le demi-diamètre vrai, et la valeur approchée de bZ servira à trouver le demi-diamètre apparent, et l'on recommencera le calcul de bZ avant de faire usage des formules (32).

73. Il arrivera un moment où la distance vraie Δ sera réduite à $p - P$; en supposant alors $SZ = 90°$, le lieu dont le zénith est Z verra le centre de la Lune sur celui du Soleil : ce sera le premier point touché par l'*éclipse centrale*. Les formules qui en donnent la latitude et l'angle horaire se réduisent aux suivantes :

$$\sin l = \cos D \cos \alpha, \quad \cot h = - \sin D \cot \alpha.$$

Plus tard la distance Δ sera moindre que la quantité $p - P$, on fera encore usage de la parallaxe de hauteur : on calculera SZ ou z par la formule $\sin z = \dfrac{\Delta}{p - P}$, et le reste par les formules ci-dessus.

On aura ainsi successivement tous les lieux qui peuvent observer l'éclipse centrale à diverses heures tant de Paris que de ces lieux mêmes.

A mesure que Δ diminuera, nous pourrons, avec différentes valeurs de z, avoir des parallaxes différentes, et par conséquent des éclipses de grandeurs différentes, depuis le simple contact dans la partie boréale jusqu'à la centralité, et même au delà dans la partie australe du Soleil, quelquefois même un simple contact du bord austral du Soleil avec le bord septentrional de la Lune, si nous pouvons avoir $p - P = \Delta + (r + R)$, ou $\Delta = p - P - (r + R)$, ce qui est très-possible.

En général, pour l'éclipse de δ doigts, on aura $\Delta - (p - P) \sin z = r + R \left(1 - \dfrac{\delta}{6} \right)$, d'où

$$\sin z = \frac{\Delta - r - R \left(1 - \dfrac{\delta}{6} \right)}{p - P}.$$

74. Dès que la distance des bords ab sera devenue moindre que la parallaxe horizontale $p - P$, on pourra, au lieu de recourir à la parallaxe de hauteur, obtenir encore un simple contact en faisant agir obliquement la parallaxe horizontale, et non plus directement suivant l'arc LS.

Soit donc $\Delta < (p - P) + (r + R)$; sur le côté connu LS, formons (*fig.* 25) le triangle LSV dans lequel $SV = r + R$ et $LV = p - P$; en regardant ce triangle comme rectiligne, nous y calculerons l'angle SLV ; cet angle retranché de SLP donnera VLP et par suite PLZ ; ensuite $LZ = 90° - (p - P)$; $PL = 90° - D'$: on pourra donc résoudre le triangle PLZ par des formules analogues aux formules (32) :

$$\sin l = \sin (p - P) \sin D' + \cos (p - P) \cos D' \cos PLZ$$

$$\cot ZPL = \frac{\text{tang} (p - P) \cos D'}{\sin PLZ} - \sin D' \cot PLZ ;$$

à l'angle ZPL on ajoutera l'angle LPS $= A$, et l'on aura encore l'angle horaire $SPZ = h$.

En portant LV de l'autre côté de LS, un triangle égal au précédent nous conduirait à un second zénith Z' appartenant à un lieu plus rapproché du pôle que le premier et qui observera encore dans le même instant un contact à l'horizon.

A mesure que la Lune s'approche de la conjonction, l'angle SPL et la distance LS diminuent, et il peut arriver que la parallaxe horizontale, même oblique, abaisse trop la Lune pour ne donner qu'un contact ; les courbes de contact à l'horizon n'auront donc plus lieu alors, mais elles recommenceront de l'autre côté de PS après la conjonction, jusqu'à ce qu'enfin SL devienne égal à $p - P + r + R$, auquel cas il faudra toute la parallaxe horizontale pour procurer le contact : ce sera alors la *fin de l'éclipse générale*.

75. On sera donc en état, par ce qui précède, de construire par points la *courbe de centralité* et les *courbes d'illumination* ou de contact au lever et au coucher. Reste à voir comment on obtiendra les lieux qui ont *un simple contact pour plus grande phase,* ou une éclipse d'un nombre donné de doigts. Pour cela on cherchera la parallaxe oblique qui amène le centre de la Lune de L en v sur la ligne Sm perpendiculaire à l'orbite ralative Ln, de telle sorte que vS soit égale à $r + R$ ou bien

$$v\text{S} = r + R \left(1 - \frac{\delta}{6} \right).$$

Or, en désignant encore par φ l'angle mSP ou l'inclinaison de l'orbite relative sur l'équateur, cet angle (qui n'est autre que l'angle $\varkappa + \theta$ de la méthode des projections) se détermine comme au n° 34 par l'équation

$$\tan \varphi = \frac{n}{m \cos \mathrm{D}}$$

n étant ici le mouvement horaire relatif en déclinaison, et m celui en ascension droite; D la déclinaison du Soleil au moment de la conjonction en ascension droite. Ensuite la perpendiculaire $\mathrm{S}m = \mathrm{S}n \cos \varphi$, $\mathrm{S}n$ étant la différence des déclinaisons du Soleil et de la Lune aussi à l'instant de la conjonction; par suite on connaîtra la ligne mv; on aura ensuite

$$m\mathrm{L} = \mathrm{S}m \tan m\mathrm{SL} = \mathrm{S}m \tan (\alpha - \varphi); \text{ enfin}$$

$$\tan m\mathrm{L}v = \frac{mv}{m\mathrm{L}}; \quad \mathrm{L}v = \frac{m\mathrm{L}}{\cos m\mathrm{L}v}; \quad \mathrm{PL}v = \mathrm{PLS} - m\mathrm{LS} + m\mathrm{L}v$$

et si l'on prolonge vL en Z, zénith du lieu cherché, on a $\mathrm{PLZ} = 180° - \mathrm{PL}v$;

$$\sin v\mathrm{Z} = \frac{v\mathrm{L}}{p - \mathrm{P}}, \quad \mathrm{LZ} = v\mathrm{Z} - v\mathrm{L};$$

dans le triangle ZLP on connaîtra ainsi LZ, PL et l'angle compris, on calculera le côté $\mathrm{PZ} = 90° - l$ et les angles ZPL et $\mathrm{ZPS} = h$, et l'on aura la latitude et la longitude, toujours par les mêmes formules.

Au lieu de supposer le centre de la Lune amené en v au nord de S, on pourra le supposer porté en v' vers le sud, sur la ligne mS, et l'on aura un contact au bord austral du Soleil, ou une phase de δ doigts, si toutefois la distance SL n'est pas trop grande pour la phase en question; car la plus grande valeur de $\mathrm{L}v'$ est $p - \mathrm{P}$, et si l'on désigne par ε la distance $\mathrm{S}m$, par σ la distance vS, on a

$$\overline{\mathrm{L}v'}^2 \text{ ou } (p - \mathrm{P})^2 = \overline{m\mathrm{L}}^2 + \overline{mv'}^2 = \Delta^2 - \varepsilon^2 + (\varepsilon + \sigma)^2, \text{ d'où } \Delta^2 = (p - \mathrm{P})^2 - \sigma^2 - 2\varepsilon\sigma;$$

telle est donc la distance que SL ne devra pas dépasser pour une plus grande phase donnée par σ; ce sera un simple contact si $\sigma = r + \mathrm{R}$, et une éclipse de δ doigts pour $\sigma = r + \left(1 - \frac{\delta}{6}\right)\mathrm{R}$.

Pour le bord supérieur, on changerait σ de signe.

76. Cette méthode peut donc donner, par des calculs qui ne sont relativement pas trop longs, tout ce que le problème de l'éclipse générale sur la Terre peut présenter d'utile à connaître. Comme aussi dans la méthode des projections, on n'y tient pas compte de l'aplatissement du globe terrestre, et par conséquent on suppose la parallaxe horizontale de la Lune la même pour toute la Terre; mais il ne serait pas difficile de rectifier les résultats obtenus, si l'on voulait pousser l'approximation jusque là; il n'y aurait qu'à recommencer le calcul de la distance LZ et de la latitude l, en employant pour p la parallaxe horizontale qui convient au lieu déterminé par le calcul, et pour r le demi-diamètre lunaire qui convient à la distance au zénith; on ajouterait de plus à la latitude l (qui est ici la latitude géocentrique) l'angle que la verticale fait en ce lieu avec le rayon de la Terre pour avoir la latitude vraie.

Mais, comme nous l'avons déjà dit, il est rare que de pareilles corrections deviennent nécessaires; ces méthodes doivent servir à donner une idée de la marche générale de l'éclipse sur la surface de la Terre et à faire connaître les lieux où il peut être utile de se préparer à l'observation, et pour lesquels on fera alors un calcul spécial avec toute l'exactitude possible.

CHAPITRE III.

De l'éclipse de Soleil pour un lieu déterminé.

77. Les questions principales qui appartiennent à ce chapitre sont les suivantes : *A quelle heure* le lieu donné verra-t-il *le commencement* et *la fin* de l'éclipse partielle, totale ou annulaire? Ou à quelle heure les bords des disques du Soleil et de la Lune seront-ils tangents extérieurement ou intérieurement? A quelle heure les deux centres seront-ils le plus rapprochés possible, et quand coïncideront-ils, au cas où cette circonstance se présente? — De *quelle grandeur* paraîtra la partie éclipsée du Soleil à l'instant de la plus grande phase? — Quelle est la situation qu'auront les points de contact relativement au diamètre vertical du Soleil?

Nous grouperons en trois catégories toutes les méthodes proposées pour la solution de ces problèmes :

1° La méthode graphique des projections.

2° Les méthodes parallactiques ou trigonométriques.

3° Les méthodes analytiques.

I. MÉTHODE DES PROJECTIONS.

78. Dans les nᵒˢ 39 à 51 du chapitre précédent, nous avons déduit la marche générale de l'éclipse sur la Terre en appliquant le calcul trigonométrique à la méthode des projections imaginée par Képler ; nous allons maintenant revenir à cette méthode, et montrer comment elle peut donner, par de simples constructions, les circonstances de l'éclipse pour un lieu particulier de la Terre ; puis nous présenterons comme un corollaire son application à la détermination purement graphique de l'éclipse des différents lieux de la Terre.

Si l'on se reporte à ce qui a été dit dans les nᵒˢ 39 à 43, il est aisé de voir que le problème qui nous occupe actuellement revient à tracer d'abord sur le plan de projection l'orbite relative de la Lune divisée en heures et en minutes ; puis à y marquer pour des intervalles suffisamment rapprochés, de 30 en 30 minutes par exemple, la position de l'observateur en y accompagnant ces points de chiffres pour indiquer l'heure à laquelle ils appartiennent. On joindra ces derniers points par une ligne continue qui représentera une portion de l'ellipse, projection du parallèle de l'observateur, ou, ce qui revient au même, la courbe que le centre du Soleil semblera tracer sur le plan de projection.

Ouvrant ensuite le compas d'une quantité égale à la somme R + r des demi-diamètres apparents du Soleil et de la Lune, et plaçant l'une des pointes sur l'orbite de la Lune, et l'autre sur l'ellipse, on cherchera deux points répondant à la même heure et distants de cette quantité ; cette opération se fera facilement, car l'arc de la courbe du Soleil pour 30ᵐ est tellement petit qu'on pourra à l'œil le diviser en minutes sans erreur sensible. On obtiendra de cette manière l'heure du commencement et de la fin de l'éclipse.

La plus grande phase, ou le milieu de l'éclipse, s'obtiendra en cherchant par tâtonnement deux

points, marqués de la même heure sur l'orbite et l'ellipse, et pour lesquels la distance est la plus petite possible; l'époque trouvée sera à très-peu près le milieu entre les époques du commencement
et de la fin qu'on vient d'obtenir. Pour connaître la quantité de la plus grande phase, on n'a qu'à décrire les disques du Soleil et de la Lune autour de leurs centres respectifs : la partie commune de
ces deux cercles, évaluée en douzièmes du diamètre solaire, indiquera le nombre des doigts éclipsés.

79. Nous avons indiqué d'une manière suffisante (nos 41 et 24) ce qu'il faudra faire pour avoir
l'orbite relative de la Lune; il va sans dire que les heures que l'on y marquera se déduisent de l'heure
de la conjonction pour le lieu du calcul. Voyons maintenant comment on pourra obtenir de la manière la plus simple la courbe que le soleil semble parcourir sur le plan de projection.

A la rigueur nous aurions à construire la projection conique (héliocentrique) du parallèle de l'observateur, c'est-à-dire l'intersection d'un cône oblique à base circulaire par un plan passant par la
Lune et faisant avec la base du cône un angle égal à 90° — D; mais vu l'énorme distance du Soleil
à la Terre, cette projection ne diffère pas sensiblement d'une proportion orthogonale sur le plan de
l'horizon absolu (1). Cherchons à apprécier la différence :

Soit (fig. 23) M la position de l'observateur sur la Terre; m sa projection sur le plan de l'horizon
absolu; R l'intersection de la droite MS avec le plan de projection passant par la Lune, c'est-à-dire
le point où l'observateur en M rapporte le centre du Soleil. Menons MQ parallèle à mT, et désignons
OR par ρ, mT ou MQ par ρ_1, et, comme précédemment, l'angle MTZ par z.

Les triangles semblables SOR, SQM donnent la proportion $\dfrac{\rho}{\rho_1} = \dfrac{SO}{SQ}$,

mais $SO = ST - OT = \dfrac{1}{\sin P} - \dfrac{1}{\sin p}$, $SQ = ST - QT = \dfrac{1}{\sin P} - \cos z$, donc

$$\frac{\rho}{\rho_1} = \frac{\sin p - \sin P}{\sin p \left(1 - \cos z \sin P \right)}.$$

Or $\cos z \sin P < \sin P < \sin 8'',7 = 0,000042$; on peut donc négliger ce terme à côté de l'u-
nité, et il vient

$$\frac{\rho}{\rho_1} = \frac{\sin p - \sin P}{\sin p} = \frac{p - P}{p},$$

De là résulte que les deux courbes sont semblables et que le rapport de similitude est $\dfrac{p - P}{p}$;
nous conclurons de cette observation que pour avoir la trace que le Soleil semble décrire sur le plan
de projection, il n'y a qu'à projeter le parallèle de l'observateur sur l'horizon absolu et de réduire les
dimensions dans le rapport de $p - P$ à p; ce qui revient à supposer le rayon du cercle d'illumination égal à $p - P$ au lieu de p. C'est à cette conclusion que Duséjour était arrivé par une discussion
plus approfondie, v. n° 57.

80. Il y a plusieurs moyens d'obtenir sur le plan de projection l'ellipse de l'observateur divisée en
heures; la plus ancienne construction donnée par *D. Cassini* (1) et *Flamsteed* (2), et suivie depuis

---

(1) Nous continuons d'appeler *horizon absolu* le plan passant par le centre de la Terre perpendiculairement à la ligne
qui joint ce centre avec celui du Soleil.

(1) Inventée en 1663 (?) et publiée seulement en 1740 par Cassini, fils.

(2) Inventée en 1676 et publiée en 1680.

eux par presque tous les astronomes, repose sur les formules suivantes que nous allons déduire de la *fig*. 21. II′ est la trace sur le méridien universel IPZP′ de l'horizon absolu sur lequel doit être projeté le parallèle CC′; nous supposons ce dernier rabattu dans le plan du méridien. Soit toujours l la latitude du parallèle et D la déclinaison du soleil ZTE ou PTI ; le demi–diamètre rabattu suivant KL, étant parallèle au plan de projection, se projettera en vraie grandeur et donnera le demi–grand axe de l'ellipse, lequel a donc pour valeur cos l (en prenant pour unité le rayon TP), le demi–petit axe sera la projection de KC; or TK = TB cos D = sin l cos D; Bn = KC sin D = cos l sin D; la distance du sommet n au centre T du cercle de projection sera sin l cos D — sin D cos l, ou sin $(l — D)$; celle de l'autre sommet sera sin l cos D + sin D cos l ou sin $(l + D)$. De là la construction suivante de Flamsteed :

Prenez de part et d'autre du point N (*fig*. 26) l'arc NC égal au complément de la latitude ; portez de chaque côté des points C les arcs CG et CH égaux à la déclinaison D du Soleil ; tirez les cordes GG, HH dont l'instersection avec ON donne les sommets n et n' du petit axe. Le milieu B de nn' sera le centre de l'ellipse ; par ce point menez une perpendiculaire à ON et prenez des deux côtés de B les longueurs BF, BF′ égales à KC ; vous aurez le grand axe.

Cela fait, décrivez sur nn' et FF′ comme diamètres deux circonférences que vous diviserez en 24 parties égales ou heures et que vous numéroterez à partir du méridien ; par tous les points de division du cercle extérieur menez des perpendiculaires au grand axe, et par ceux du cercle intérieur des parallèles à cette ligne ; les intersections deux à deux de ces droites donneront un point de l'ellipse avec l'heure correspondante. Il sera bon de multiplier les divisions aux environs des points F et F′ parce que la courbure de l'ellipse est trop sensible vers les sommets du grand axe.

Lorsque la latitude du parallèle est de même signe que la déclinaison du Soleil, l'arc inférieur représentera l'arc diurne ; dans le cas contraire c'est l'arc supérieur qui représente l'arc diurne. Dans tous les cas la partie occidentale de l'ellipse sert pour les heures du matin, et la partie orientale pour les heures du soir ; on marquera 0 et 12 h. aux sommets de petit axe, 6 h. du matin en F′ et 6 h. du soir en F ; les points où l'ellipse touche la circonférence du cercle de projection indiquent l'heure du lever et du coucher du Soleil.

81. Nous trouvons une manière plus simple dans un travail assez récent de M. *Bach* (1); cet ouvrage, remarquable par sa clarté, réunit toute la rigueur désirable à une grande simplicité tant dans les constructions que dans la partie analytique.

M. Bach s'appuie sur les procédés de la géométrie descriptive, en prenant pour plan de projection horizontal l'horizon absolu et pour plan vertical celui qui est déterminé par l'axe de la Terre et le Soleil, c'est–à–dire le plan du méridien universel ; de sorte que II′ (*fig*. 21) représente la ligne de terre.

Menant dans le plan vertical la ligne PTP′ telle que l'angle PTI soit égal à la déclinaison du Soleil à l'instant de la conjonction, on aura la position de l'axe terrestre ; la perpendiculaire ETE′ sera la trace de l'équateur sur le plan vertical. Prenant ensuite les arcs EC et E′C′ égaux à la latitude de l'observateur, CC′ sera la trace verticale de son parallèle, que l'on rabattra dans le plan vertical suivant CMC′.

---

(1) Calcul des éclipses de Soleil par la méthode des projections, par M. Bach, professeur à la faculté des sciences de Strasbourg; Paris 1860.

Si nous divisons ensuite le demi-cercle CM,C' en douze parties égales, et que des points de divisions nous abaissions des perpendiculaires M,H sur CC', les pieds H de ces perpendiculaires seront
les projections verticales du lieu de l'observateur aux heures consécutives; pour en avoir la projection horizontale, il suffira d'abaisser de chacun de ces points H des perpendiculaires sur la ligne de
terre, et de les prolonger au delà d'une distance hm égale à M,H. En reliant ces dernières projections
par un trait continu, on aura l'ellipse demandée.

Mais remarquons qu'en opérant de cette manière, nous commettons une légère inexactitude facile
à comprendre : les positions obtenues correspondent à l'heure vraie et non à l'heure moyenne, tandis que les heures que nous avons marquées sur l'orbite relative sont les heures moyennes, vu que
les Tables astronomiques donnent les coordonnées des astres en temps moyen. Les anciennes méthodes n'étaient pas sujettes à cette erreur, car ce n'est que depuis 1816 que les horloges sont réglées
sur le jour solaire moyen.

Pour éviter l'inconvénient signalé, on cherchera dans les Tables l'équation du temps qui correspond au moment de la conjonction ; cette quantité pourra être regardée comme constante pendant
la durée de l'éclipse. On commencera alors par déterminer la position de l'observateur à une heure
moyenne donnée, par exemple 4 heures ; cela se fait en retranchant de cette heure l'équation du
temps, on aura ainsi l'heure vraie que l'on convertira en degrés ; puis on portera l'arc obtenu sur la
circonférence CM,C', en le comptant depuis le point C et l'on y inscrira le temps moyen 4^h. Ayant
ainsi marqué un point, on achèvera la division de la circonférence en portant des arcs de 15°, ou de
7°$\frac{1}{2}$, tant d'un côté que de l'autre ; ces points de division, une fois ramenés en projection sur le plan
horizontal, donneront les positions de l'observateur en heures exprimées en temps moyen.

82. Jusqu'à présent nous nous sommes servis des *latitudes* et *longitudes* pour la construction de
l'orbite relative de la Lune, et cela par la raison que, la latitude du Soleil pouvant être regardée comme nulle, cette circonstance rend le calcul un peu plus simple. Mais depuis 1863 la Connaissance des
Temps donne l'ascension droite et la déclinaison de la Lune d'heure en heure, tandis qu'elle ne donne
la longitude et la latitude que de 12 en 12 heures. De là résulte pour le calculateur qui se sert de
cette éphéméride un grand avantage par l'emploi de ces nouvelles coordonnées : il suffira presque
toujours d'une simple proportion pour obtenir la position de la Lune, au lieu de recourir aux différences secondes, troisièmes et même supérieures. — De plus la Connaissance des Temps donne toute
calculée l'heure de la conjonction en ascension droite pour Paris; on l'aura donc facilement pour
tout autre lieu ; quant à l'orbite relative on la construira de la même manière, et l'on sera dispensé
de calculer l'angle de position.

Pour donner un exemple de ces constructions, nous avons choisi l'éclipse du 5 mai 1864 telle
qu'elle apparaît pour San-Francisco (Californie) dont la latitude est 37° 48′ 30″ et la longitude en
temps 8^h 19^m 14^s. La figure 27 donne le tracé graphique de l'éclipse pour cet endroit; elle est cons-
truite à l'échelle de 1 mm. par minute de degré, (échelle qu'il faudrait doubler si l'on voulait être sûr
des minutes). Nous avons tiré de la Connaissance des Temps les éléments suivants :

Temps de la conjonction en ascension droite..... 12^h 31^m 39^s,6 (t. moy. de Paris).
Déclinaison de la Lune................. D′ = 16° 48′ 34″,2B.
Déclinaison du Soleil.................. D = 16° 33′ 6, 3B.
Mouv^t horaire relatif en asc. droite....... m = 32′ 38, 4
  id. » » en déclinaison....... n = 6′ 10, 6

Parallaxe horiz. équatoriale de la Lune.... $p =$ 58'   4, 4

id.   »   »   du Soleil...... $P =$ 8, 5

Demi-diamètre vrai de la Lune......... $r =$ 15' 51, 0

»   »   »   du Soleil............ $R =$ 15' 52, 8

Après avoir décrit une circonférence avec un rayon égal à $p - P = (57' \; 56'')$ et tracé deux diamètres perpendiculaires, nous avons pris sur celui qui représente l'équateur OE et OG égaux à $2m = (65' \; 17'')$ et porté sur les perpendiculaires les distances $Oy =: D' - D = (15' \; 28'')$; $E e = (D' - D - 2n) = (3' \; 6'',7)$; $Gg = D' - D + 2n = (27' \; 49'')$, ce qui nous a donné les trois points e, y, g de l'orbite relative. L'heure de la conjonction pour S. Francisco est celle de Paris ($12^h \; 31^m \; 39^s,6$) diminuée de la différence des méridiens des deux endroits ($8^h \; 19^m \; 14^s$), elle est donc $4^h \; 12^m \; 25^s,6$ du soir (temps moyen); c'est là l'heure correspondant au point y. Pour avoir la position de la lune à 4 heures, nous avons pris la distance y IV égale à $ye \times \dfrac{12 . \frac{25 , 6}{60}}{120} = ye \times 0,10356$;

puis à partir du point IV nous avons porté, tant à gauche qu'à droite, des distances égales à $\frac{1}{8}$ ey, et l'orbite s'est trouvée divisée en heures et quarts d'heures pour le temps moyen de notre station.

Après cela nous avons fait l'angle NOD égal à la déclinaison du Soleil, pris les arcs DM', DM égaux à $52^\circ \; 11' \; 30''$ (complément de la latitude de San Francisco), et décrit sur MM' une demi-circonférence. Pour l'époque de la conjonction, l'équation du temps est $- 3^m \; 32^s,12$, de sorte que, par exemple, à midi t. moy., le temps vrai est $0^h \; 3^m \; 32^s,12$ ce qui correspond à un arc de $53'$; cet arc a été porté à partir de M, et le point ainsi obtenu nous a servi de point de départ pour marquer les heures et demi-heures sur la circonférence. Nous avons enfin construit l'ellipse comme il a été dit (n° 81) et y avons inscrit les mêmes heures que celles qui se trouvent aux points correspondants dans le rabattement.

Si sur le diamètre OA nous prenons maintenant les distances $Ar = 15' \; 51''$, et $rR = 15' \; 52'',8$, nous trouvons qu'en ouvrant le compas de la quantité AR, les points C et S, marqués des mêmes heures sur l'orbite et sur l'ellipse, sont éloignés de cette distance; cela nous donne l'heure du commencement de l'éclipse, $4^h \; 38^m$; nous obtiendrons de même l'heure de la fin à $6^h \; 33^m$ (1); enfin l'heure de la plus grande phase arrive à peu près à $5^h \; 40^m$; on sait ce qui reste à faire pour connaitre la quantité de cette plus grande phase.

83. Il est essentiel, pour observer une éclipse, de savoir à quel endroit du disque lumineux se fera la première et la dernière impression du disque lunaire. On rapporte ordinairement ces points au diamètre vertical du Soleil; or ce diamètre s'obtient en joignant le centre du cercle de projection au lieu de l'observateur; en effet, le zénith de ce dernier se trouve évidemment sur le prolongement de cette droite qui représente ainsi la trace du plan vertical passant par le Soleil et le lieu de l'observation. D'après cela il suffira de mesurer l'angle que cette droite fait avec la ligne des centres, soit à l'instant du commencement, soit à l'instant de la fin de l'éclipse. Notre figure nous montre ainsi que l'entrée du disque lunaire se fait à 13° à l'Ouest de l'extrémité inférieure du diamètre vertical du Soleil.

---

(1) Comme le montre notre figure, la fin de l'éclipse arrive un peu avant le coucher du Soleil; c'est ce que l'on vérifie en cherchant l'heure du coucher du Soleil à San Francisco : le calcul donne en effet $6^h \; 47^m$ pour l'instant où cet astre va s'abaisser sous l'horizon.

Nous devons encore mentionner ici une simplification qui consiste à regarder comme fixes les positions de l'observateur et du Soleil, et à attribuer à la Lune un nouveau mouvement relatif, ou, ce qui revient au même, à construire l'orbite relative *apparente* pour la station proposée. L'idée de construire cette courbe est déjà ancienne ; nous la trouvons chez *La Hire* (1) qui applique à l'orbite relative l'effet de la parallaxe ; Delambre simplifia un peu sa solution ; nous en trouvons une construction un peu différente dans le traité de Leonhardi (2), où ce savant s'appuie sur des résultats tirés de la méthode générale des projections, telle que nous l'avons exposée dans le chapitre précédent. Mais le dernier degré de simplicité que l'on pourra sans doute atteindre dans cette question est la construction suivante donnée par M. *Bach* (3).

Ayant choisi arbitrairement un point S (*fig*. 28), on mène par ce point des lignes égales et parallèles à celles qui sur l'épure (*fig*. 27) joignent des divisions de l'ellipse et de l'orbite marquées des mêmes heures. En unissant ces points, on obtiendra l'orbite relative *apparente*, qui différera assez peu d'une ligne droite et qui se trouvera partagée, de même que l'orbite relative vraie, en heures et quarts d'heures. Décrivant ensuite du point S comme centre une circonférence avec un rayon égal à R, demi-diamètre du Soleil, on déterminera les heures du commencement, de la fin et du milieu de l'éclipse, ainsi que la quantité de la plus grande phase, absolument comme s'il s'agissait d'une éclipse de Lune. L'angle que la ligne des centres pour le commencement et la fin de l'éclipse fait avec le diamètre vertical du Soleil qui y correspond, s'obtient en menant les rayons SO et SO' parallèles à ces mêmes lignes dans l'épure *fig*. 27. La figure s'explique d'ailleurs d'elle-même ; on y voit que l'entrée de la Lune sur le disque solaire se fait à 13° à l'ouest de l'extrémité inférieure du diamètre vertical, la sortie à 50° à l'Est de l'extrémité supérieure, et que la plus grande phase est de 8,7 doigts.

84. *Méthode graphique pour l'éclipse générale de la terre.* Cette construction découle très-naturellement de ce que nous avons dit dans les n°ˢ précédents, ainsi que dans les n°ˢ 46 à 51. Tracez le cercle de projection avec ses deux diamètres perpendiculaires, ainsi que l'orbite relative que vous diviserez en heures de temps *vrai* de Paris, origine des longitudes terrestres (4). A la distance R + r, menez à l'orbite les deux parallèles UU', VV' (*fig*. 29), qui renfermeront tous les points de la Terre où l'éclipse sera visible. Puis construisez les projections des arcs diurnes des parallèles terrestres de 10° en 10°, mais seulement tant qu'il peut en tenir dans l'espace compris entre les droites UU' et VV' et divisez ces ellipses en heures vraies. Joignez par une ligne continue les points qui sur chacune de ces ellipses sont marqués des mêmes heures ; ces courbes représenteront les cercles horaires, ou les positions successives du premier méridien à l'égard du méridien fixe ON : ce seront d'autres ellipses se coupant toutes au pôle et qui auront pour centre le centre même de la projection,

---

(1) Ph. de La Hire, né en 1640, mort en 1718. Voy. l'Hist. de l'Astron. moderne de Delambre, Paris, 1821, page 674. — Astronomie de Delambre, Tome II, p. 409.

(2) Anleitung zur Berechnung, etc. (ouvrage cité) ; § 29, page 36.

(3) Ouvrage cité, § 20.

(4) Nous préférons ici le temps vrai au temps moyen, car lorsqu'on a à tracer un certain nombre d'ellipses, il est beaucoup plus facile de les diviser en heures vraies ; et comme d'ailleurs on se propose simplement de représenter sur une carte géographique la marche générale de l'éclipse, il est indifférent que les points qu'on obtiendra correspondent à une heure vraie ou à une heure moyenne connue.

mais dont le grand axe sera incliné sur le méridien fixe ON d'un angle dont la tangente trigonométrique est égale à tang h sin D (1).

Cela fait, pour trouver sur cette figure les points de la terre qui voient l'éclipse centrale, on n'a qu'à chercher les intersections successives de l'orbite relative, soit avec les parallèles terrestres, soit avec les cercles horaires. Considérons, par exemple, le parallèle de 30° dont la projection est coupée par l'orbite en deux points, la première fois, lorsqu'il y est 11^h 2^m du matin, c'est-à-dire 23^h 2^m. L'heure marquée sur l'orbite au point d'intersection est XII^h 8^m; il faudrait donc, pour amener les deux heures à coïncider, faire glisser l'orbite de 23^h 2^m — 12^h 8^m = 10^h 54^m vers l'occident; donc le lieu qui observe alors l'éclipse centrale est de 10^h 54^m plus à l'orient de Paris, c'est-à-dire à une longitude de 15° $\times$ 10 $\frac{54}{60}$ = 163° 30' à l'orient de Paris.

La deuxième intersection de l'ellipse avec l'orbite montre que l'éclipse centrale s'y observe à 5^h 4^m du soir; or, l'orbite porte en cet endroit XIV^h 2^m, et pour amener la coïncidence, il faudrait avancer l'orbite vers l'orient de 14^h 2^m — 5^h 4^m = 8^h 58^m; donc, ce point correspond à une longitude de 15° $\times$ 8 $\frac{58}{60}$ = 134° 30' à l'occident de Paris.

Ainsi, il n'y a qu'à évaluer en degrés la différence des heures marquées au point d'intersertion de l'orbite et des divers parallèles pour avoir la longitude du lieu qui observe l'éclipse centrale. Il est, d'après cela, facile de former une table donnant les longitudes des lieux éclipsés centralement sur les divers parallèles terrestres. Au lieu de prendre pour point de départ les latitudes, on pourra prendre les cercles horaires, et déterminer les longitudes et latitudes des lieux qui ont l'éclipse centrale aux différentes heures données.

Ce que nous venons de faire pour l'orbite elle-même pourra se faire pour chacune des droites parallèles à l'orbite, dont nous avons parlé dans le n° 46, et divisées comme elle, en heures et minutes, et l'on obtiendra les lignes des phases de 3 en 3 doigts, ainsi que les lignes de simple contact, d'une manière absolument semblable que la ligne de centralité.

Pour avoir les lieux où l'éclipse est à son milieu au moment du lever et du coucher du Soleil, il faudra chercher quel parallèle est rencontré par chaque ligne des phases sur la circonférence du cercle de projection, calculer l'heure du lever et du coucher pour ce parallèle, et mesurer la distance du point de lever ou de coucher au point de la ligne des phases où est marquée la même heure : cette distance convertie en arc de cercle donnera la longitude du lieu cherché.

Il reste à trouver les courbes d'illumination, ou les lieux où l'éclipse commence et finit, tant au lever qu'au coucher du Soleil. Avec un compas on prendra la somme des demi-diamètres du Soleil et de la Lune, et posant l'une des pointes successivement sur les extrémités des arcs diurnes des divers parallèles, on posera l'autre à l'occident ou à l'orient sur l'orbite de la Lune, et l'on trouvera la longitude des lieux en comparant l'heure inscrite aux points ainsi déterminés sur l'orbite lunaire avec l'heure du lever et du coucher convenant au parallèle.

---

(1) Pour s'en convaincre, on n'a qu'à considérer le triangle sphérique rectangle formé par le méridien PZ (*fig.* 21), l'angle horaire PQ et l'arc perpendiculaire ZQ abaissé du point Z sur le cercle horaire : cet arc mesure l'inclinaison de la ligne ST avec le plan du cercle horaire; le petit axe de l'ellipse horaire sera égal à la projection du rayon TQ, projection égale à sin QTZ; et l'angle que ce petit axe fera avec le méridien universel sera égal à l'angle PZQ ; or ce triangle donne les relations sin ZQ = cos D sin h (valeur du petit axe de l'ellipse horaire), et cot PZQ = sin D tang h; l'angle du grand axe avec le méridien universel est le complément de ce dernier.

85. *Application du calcul à la méthode graphique.* Par la construction de l'épure on connaît approximativement les instants du commencement, du milieu et de la fin de l'éclipse, et il s'agit de les corriger. On pourrait suivre à cet effet la méthode que nous avons déjà employée dans le calcul de l'éclipse générale (n°s 43 et suiv.) en faisant usage des coordonnées polaires α et ρ, et des constantes θ, $\varkappa$, , v, etc., dont nous nous sommes servis alors. C'est ce que fait, par exemple, Léonhardi dans l'ouvrage cité (§ 26, 27, 28).

Mais comme, dans l'épure, nous avons basé nos constructions sur l'ascension droite et la déclinaison des astres au lieu de leur longitude et latitude, il vaut mieux maintenir ces données et l'on pourra adopter la marche suivante pour rectifier les heures du commencement et de la fin de l'éclipse.

Soit (*fig.* 30) C le lieu de la Lune dans le méridien de la conjonction; F et L les positions du Soleil et de la Lune à l'instant du commencement de l'éclipse, tel que le fournit l'épure. On connaît par cette dernière le temps t employé par la Lune à décrire le chemin CL, et si nous menons Lq perpendiculaire au méridien ON, Cq représente évidemment le mouvement relatif en déclinaison pendant le temps t, de sorte que

$$Cq = nt,$$

et Lq est le mouvement relatif en ascension droite pendant le même temps, et rapporté au parallèle du point L; ainsi

$$Lq = mt \cos (D' + nt).$$

Or OC $= D' - D$; donc O$q = D' - D + nt$, et par conséquent on obtiendra les *coordonnées polaires de la Lune* NOL $= \alpha'$, OL $= \rho'$ par les formules

$$(55) \ldots \ldots \left\{ \begin{array}{l} \tang \alpha' = \dfrac{mt \cos (D' + nt)}{D' - D + nt} \\[2mm] \rho' = \dfrac{D' - D + nt}{\cos \alpha'} \quad \text{ou} \quad \rho' = \dfrac{mt \cos (D' + nt)}{\sin \alpha'} \end{array} \right.$$

Les *coordonnées polaires du Soleil* ou de la projection de l'observateur, NOF $= \alpha$, OF $= \rho$, se calculeront par les formules (35) du n° 43

$$(56) \ldots \ldots \left\{ \begin{array}{l} \cos z = \cos h \cos D \cos l + \sin D \sin l \\[2mm] \sin \alpha = \dfrac{\sin h \cos l}{\sin z} \quad \text{et} \quad \rho = (p - P) \sin z \end{array} \right.$$

L'angle horaire h s'obtiendra en réduisant en arc de cercle l'heure *vraie* du phénomène pour le lieu du calcul. Pour plus d'exactitude on prendra pour l la latitude géocentrique de l'observateur calculée par la formule

$$\tang l = (1 - \mu)^2 \tang \text{ latit. vraie (n° 16, éq. 5)}$$

et pour p la parallaxe horizontale qui convient à cette latitude :

$$p = (1 - \mu^2 \sin^2 l) \times \text{parall. horiz. équatoriale (n° 54).}$$

Ayant ainsi calculé les quantités α', ρ', α, ρ, on résoudra le triangle FOL, à l'aide des formules

$$(57) \ldots \ldots \left\{ \begin{array}{l} \tang \xi = \dfrac{\rho - \rho'}{\rho + \rho'} \cot \left(\dfrac{\alpha - \alpha'}{2} \right) \\[4mm] \text{FL ou } \Delta = \dfrac{(\rho - \rho') \sin \left(\dfrac{\alpha - \alpha'}{2} \right)}{\cos \xi} \end{array} \right.$$

La distance des centres, Δ, ainsi obtenue, est celle qu'on verrait du point m (*fig.* 23), projection de l'observateur sur l'horizon absolu, et non du point M situé sur la surface de la Terre. Or il est très-facile d'obtenir avec nos formules la véritable distance apparente Δ' ; en effet, on a visiblement $\Delta' = \Delta \times \dfrac{m\mathrm{F}}{\mathrm{MF}}$, et si l'on prend pour unité le rayon terrestre, on a $m\,\mathrm{F} = \dfrac{1}{\sin p}$, $m\mathrm{M} = \cos z$, donc

$$\mathrm{MF} = \frac{1}{\sin p} - \cos z,$$ et par conséquent

$$\Delta' = \frac{\Delta}{1 - \sin p \cos z}$$

Le demi-diamètre de la Lune augmentera évidemment dans le même rapport, de sorte que si r désigne toujours le demi-diamètre vrai (vu du centre de la Terre), le demi-diamètre apparent (vu du point M) sera

$$r' = \frac{r}{1 - \sin p \cos z}$$

(Dans ces formules, $\cos z$ est déjà tout calculé, ainsi que p, car il n'y aura pas d'inconvénient à prendre $p - \mathrm{P}$ au lieu de p).

Mais pour le commencement et la fin de l'éclipse on devra avoir

$$\Delta' = r' + \mathrm{R}, \text{ ou}$$

$$(58)\ldots\ldots \qquad \Delta = r + \mathrm{R}\,(1 - \sin p \cos z).$$

Si la valeur de Δ fournie par l'équation (57) satisfait à cette dernière, la valeur admise pour t est bonne ; dans le cas contraire, on recommencera le calcul avec une valeur de t un peu plus grande ou plus petite, et s'il n'en résulte encore pas une identité, une simple proportion fera connaître le temps cherché.

Enfin, pour connaître le point du disque solaire où se fera la première et la dernière impression de la Lune, on calculera encore l'angle OFL (*fig*. 30) qui mesure la distance de ce point à l'extrémité inférieure du diamètre vertical (n° 83) ; cela est très-facile, vu que l'angle ξ calculé précédemment est égal à

$$\frac{\mathrm{L} - \mathrm{F}}{2}, \text{ et que } \frac{\mathrm{L} + \mathrm{F}}{2} = 90^\circ - \left(\frac{\alpha - \alpha'}{2}\right) ; \text{ par conséquent cet angle } \mathrm{F} = 90^\circ - \left(\frac{\alpha - \alpha'}{2} + \xi\right).$$

On corrigerait de la même manière l'heure du commencement ou de la fin de l'éclipse totale ou annulaire, das le cas où cette phase peut s'observer de la station proposée ; à la place de l'équation (58), on aurait celle-ci :

$$\Delta = \pm\,[r - \mathrm{R}\,(1 - \sin p \cos z)].$$

86. *Application numérique.* Pour plus de clarté, nous allons appliquer nos formules au commencement de l'éclipse du 5 mai 1846 pour San-Francisco.

1° L'heure marquée sur l'épure en L est $\quad 4^\mathrm{h}\ 38^\mathrm{m}$ $\qquad$ (t. moyen de San-Francisco)

l'heure de la conjonction, marquée en C, $\quad 4\quad 12\ 25^\mathrm{s},6$

temps de CL$\ldots\ldots\ldots\ldots\ldots\ldots\ldots\ldots$ $25^\mathrm{m}34^\mathrm{s},4 = 0^\mathrm{h}425944.$

D'après n° 82, $n = 370''6$, $m = 1958''4$, $\mathrm{D}' = 16°48'34'',2$, $\mathrm{D} = 16°33'6'',3$ avec ces valeurs on trouve

$$\alpha' = 36°\ 19'\ 35'',\ 9 \quad \text{et } \rho' = 1347'',67.$$

2° Recherche de l'angle h.

Heure du phénomène, en temps moyen de Paris, $12^h\ 57^m 14^s,0$

Equation du temps à midi moy. de Paris....... —   3 29 ,55

sa variation pour $12^h\ 57^m$ .... —   2 ,57

équation du temps pour l'heure du phénomène.. —   3 32 ,12

En la retranchant de l'heure moy. de San-Francisco $4^h\ 38$

on obtient le temps vrai pour le même endroit.. $4^h\ 41^m 32^s,12$

Convertissant en arc, il vient................$h = 70°\ 23'\ 1'',8.$

3° La latitude vraie étant de $37°48'30''$,   on obtient, pour l'aplatissement $\mu = \frac{1}{300}$, la latitude géocentrique $l = 37°37'23'',45$.

La parallaxe horizontale équatoriale est, le 5 mai à $12^h 9539$, $58'3'',77 = 3483'',77$,

La parallaxe pour la latitude l sera $p = 3483,77 \times 0,998758 = 3479'',44$;

en en retranchent la parallaxe solaire $P =\ \ 8'',50$, on a

$$p - P = 3470,94.$$

Avec ces valeurs les formules (56) donnent

$$\alpha = 55°\ 40'\ 29'',20\ ;\quad z = 64°\ 36'32'',14\ ;\quad \rho = 3135,59.$$

4° On obtient ensuite

$$\frac{\alpha - \alpha'}{2} = 9°\ 39''\ 59',45\ ;\quad \xi = 61°\ 51'\ 56'',88\ ;\quad \Delta = 1916,24.$$

Mais, à l'instant du calcul, on a $r = 15'\ 50'',91$ $R = 15'52''36$;

le coefficient de correction $1 - \sin p \cos z = 0,992767$

$$r + R\ (1 - \sin p \cos z) = 1896,38.$$

En comparant cette valeur à celle de Δ, on voit qu'à 4 h. 38 m. l'éclipse n'a pas encore commencé, et que la distance des centres devra encore diminuer de $19''\ 86$.

Faisons un nouveau calcul pour 4 h. 39 m.; t aura augmenté de $0^h\ 016667$ et h de $15'$, par conséquent :

$$t = 0^h\ 442889\ ,\quad h = 70°\ 38'\ 1'',8.$$

On trouve alors

$$\alpha' = 37°\ 14'27'',07 \dots\dots\dots\dots\dots\dots \rho' = 1371,70$$
$$\alpha = 55\ 40\ 2\ ,72\quad z = 64°\ 48'\ 24'',55\quad \rho = 3140,71$$
$$\frac{\alpha - \alpha'}{2} = 9°\ 12'49'',32\quad \xi = 67°\ 31'\ 18'',62\quad \Delta = 1889,76$$

$$1 - \sin p \cos z = 0,992820$$
$$r + R\ (1 - \sin p \cos z) = 1896,43$$

La distance des centres est devenue ainsi trop petite de $6'',67$, ce qui montre qu'à 4 h. 39 m. l'éclipse est déjà commencée. Pour avoir l'instant précis du commencement on dira : la distance des centres a diminué de $26'',53$ dans 60^s, elle diminuera de $19'',86$ dans un nombre de secondes

$$x = 60^s \times \frac{19,86}{26,53} = 44^s,9.$$

Donc l'éclipse commence à $4^h\ 38^m\ 44^s,\ 9$ temps moyen de San-Francisco.

Enfin, pour avoir l'angle de la ligne FL avec le diamètre vertical du Soleil, on a d'après les résultats du premier calcul, à 4 h. 38 m.............. angle $F = 13° 28' \quad 3'',67$

» du second » à 4 h. 39 m.............. $F = 13 \quad 15 \quad 52,06$

Différence.......... $— \quad 12' \quad 11'',61$

Il est permis de supposer l'accroissement de l'angle F uniforme pendant l'intervalle d'une minute, et de poser la proportion $\dfrac{60^s}{44^s,9} = \dfrac{12'11'',6}{x}$, d'où $x = 9'7'',48$. Donc à 4 h. 38 m. 44^s,9 la ligne des centres fait avec le diamètre vertical du Soleil un angle égal à

$$(13° 28' 3'',67) — (9' 7'',48) = 13° 18'56'',2.$$

Des calculs tout à fait pareils feront trouver la fin de l'éclipse et l'angle que la ligne des centres fait alors avec le diamètre vertical du Soleil.

87. Pour avoir l'instant de la plus grande phase, quelques auteurs, entre autres Leonhardi (1) parmi les plus récents, s'appuient sur ce que la ligne des centres est, à ce moment, à peu près perpendiculaire à l'orbite relative, et ils cherchent l'époque où cette circonstance se trouve vérifiée. La condition analytique est facile à obtenir, car si l'on mène (*fig.* 30) FH parallèle à l'orbite jusqu'à sa rencontre avec OB, on n'aura qu'à exprimer que **LM = FH**, ce qui conduit à l'équation de condition

$$\frac{nt}{\sin \varphi} + (D' — D) \sin \varphi = \rho \sin (\alpha + \varphi).$$

dans laquelle φ est l'angle NOB, que l'on calcule par la formule $\tang \varphi = \dfrac{n}{m \cos D'}$.

Mais comme l'a fait remarquer Duséjour (v. n° 61), cette hypothèse n'est exacte que lorsque le lieu du calcul est celui qui voit le maximum (ou minimum) de plus grande phase qu'on puisse observer sous son parallèle, et dans tous les autres cas on peut s'éloigner beaucoup de la vérité en se basant sur elle ; c'est ce qui arrive notamment dans l'éclipse du 5 mai 1864 pour San-Francisco.

Ce qu'il faudrait faire ici, ce serait de différentier, à l'exemple de Duséjour, l'expression générale de la distance des centres et de tirer la valeur de h ou de t qui annule la dérivée. Mais nous devons convenir que les formules en coordonnées polaires se prêtent difficilement à cette opération, à cause des dénominateurs, et nous sommes heureux de constater que M. Bach est parvenu à tourner la difficulté par l'introduction des coordonnées rectangulaires. Nous allons brièvement indiquer la marche suivie par ce professeur distingué.

88. M. Bach prend pour axe des x le méridien de la conjonction en ascension droite (du côté du Nord), et pour axe des y le diamètre perpendiculaire (du côté de l'Orient). Supposons toujours (*fig.* 30) que L et F soient le lieu de la Lune et la projection de l'observateur t heures après la conjonction ; désignons par x' et y' les coordonnées du point L, et par x et y celles du point F.

1° *Coordonnées de la Lune.* D'après ce que nous avons dit n° 85, on a évidemment

$$x' = Oq = D' — D + nt$$
$$y' = Lq = mt \cos (D' + nt)$$

Ces formules sont suffisamment exactes dans la plupart des cas ; mais elles supposent les mouvements relatifs en ascension droite et en déclinaison uniformes, ce qui n'est pas tout à fait vrai ; si l'on désire plus de rigueur, on aura égard aux termes du second ordre en posant :

_____

(1) Ouvrage cité, page 33.

$$\text{mouv}^{\text{t}} \text{ relatif en } R\ldots\ldots \quad a = mt + kt^2$$
$$\text{mouv}^{\text{t}} \text{ relatif en Décl}\ldots \quad d = nt + \gamma t^2$$

Puis on considérera le triangle sphérique formé par le pôle P et les lieux C et L de la Lune au moment de la conjonction et t heures plus tard, et dans lequel on connait les côtés

$$\text{PC} = 90° - \text{D}', \ \text{PL} = 90° - (\text{D}' + d), \text{ et l'angle P} = a; \text{ il donne}$$
$$\cos \text{CL} = \sin \text{D}' \sin (\text{D}' + d) + \cos \text{D}' \cos (\text{D}' + d) \cos a.$$

Cette équation se transforme sans peine en la suivante :

$$\sin^2 \tfrac{1}{2} \text{CL} = \sin^2 \tfrac{1}{2} d + \sin^2 \tfrac{1}{2} a \cos \text{D}' \cos (\text{D}' + d) ,$$

que l'on peut remplacer par celle-ci :

$$\overline{\text{CL}^2} = d^2 + a^2 \cos \text{D}' \cos (\text{D}' + d).$$

Cela montre que CL est l'hypoténuse d'un triangle rectangle dont l'un des côtés est d et l'autre côté une moyenne proportionnelle entre $a \cos \text{D}'$ et $a \cos (\text{D}' + d)$; mais, à cause de la petitesse de l'angle d, il sera permis de remplacer cette moyenne par $a \cos \left(\text{D}' + \dfrac{d}{2} \right)$ (1). Il résulte de là que

$$x' = \text{D}' - \text{D} + d$$
$$y' = a \cos \left(\text{D}' + \frac{d}{2} \right) = a \cos \text{D}' \left(1 - \frac{d}{2} \tang \text{D}' \right).$$

Mettant maintenant pour d et a leurs valeurs, il vient, en s'arrêtant aux termes du second ordre

$$(59) \ldots \ldots \begin{cases} x' = \text{D}' - \text{D} + nt + \gamma t^2 \\ y' = \left[m + (k - \dfrac{mn}{2} \tang \text{D}') t \right] t \cos \text{D}'. \end{cases}$$

2° *Coordonnées de la projection de l'observateur.* La *fig.* 30 nous donne immédiatement

$$y = \rho \sin \alpha = (p - \text{P}) \sin z \sin \alpha$$
$$x = \rho \cos \alpha = y \cot \alpha$$

et si l'on a égard aux formules (56 ou 35) il vient

$$(60) \ldots \ldots \begin{cases} y = (p - \text{P}) \sin h \cos l \\ x = (p - \text{P}) (\sin l \cos \text{D} - \cos h \cos l \sin \text{D}). \end{cases}$$

Au lieu de se servir de triangles sphériques pour établir ces formules, on peut, comme le fait M. Bach, se baser sur la projection orthogonale de l'observateur sur l'horizon absolu. Reportons-nous à la *fig.* 21 dans laquelle IPZI' est le méridien de la conjonction, CC' le diamètre du parallèle de l'observateur, M_1 le rabattement de ce dernier, de sorte que l'arc $\text{CM}_1 = h$, et enfin m la projection de l'observateur. Soient x_1 et y_1 les coordonnées de ce point m; en prenant le rayon de la Terre pour unité, on a

$$x_1 = \text{T}h = \text{TB} - \text{K}i ; \quad y_1 = mh = \text{M}_1\text{H};$$

Or $\text{TK} = \sin l, \ \text{CK} = \cos l, \ \text{M}_1\text{H} = \sin h \cos l, \ \text{KH} = \cos h \cos l,$

$\text{TB} = \sin l \cos \text{D},$ et $\text{K}i = \cos h \cos l \sin \text{D},$ par conséquent

$$x_1 = \sin l \cos \text{D} - \cos h \cos l \sin \text{D} ; \quad y_1 = \sin h \cos l,$$

et pour avoir les coordonnées du lieu de l'observateur sur le plan de projection qui passe par la Lune,

---

(1) Cela revient à négliger dans le 2° membre le terme $a^2 \sin^2 \dfrac{d}{2}$ qui est en effet extrêmement petit à côté des termes qu'on conserve.

il suffit de multiplier les précédentes par $(p - \mathrm{P})$, (n° 79) ; ce qui donne précisément les formules (60).

3° La *distance des centres* des deux astres, telle qu'elle serait vue du point m sur l'horizon absolu, sera alors donnée par la formule.

$$(61)\ldots\ldots \Delta^2 = (x' - x)^2 + (y' - y)^2$$

et pour l'avoir telle qu'elle serait vue de l'observateur en M sur la surface de la terre, il n'y a qu'à multiplier Δ par le coefficient $\dfrac{1}{1 - \cos z \sin p}$.

On a vu (n° 43 ou 85) que $\cos z = \sin l \sin \mathrm{D} + \cos h \cos l \cos \mathrm{D}$; mais on peut encore arriver à la connaissance de cet angle z en remarquant que dans le triangle rectangle FOh (*fig.* 30) on a $\tan g \, \alpha = \dfrac{y}{x}$ et $\sin z = \dfrac{y}{(p - \mathrm{P}) \sin \alpha} = \dfrac{\sin h \cos l}{\sin \alpha}$; ou bien que dans le triangle TMm de la *fig.* 23, l'angle ITm est égal à l'angle sphérique IZM $= \alpha$, et qu'alors $\tan g \, \alpha = \dfrac{y_{\text{,}}}{x_{\text{,}}}$, $\mathrm{T}m = \dfrac{y_{\text{,}}}{\sin \alpha}$;

or $\mathrm{T}m = p \sin z$, donc $\sin z = \dfrac{y_{\text{,}}}{p \sin \alpha} = \dfrac{y}{(p - \mathrm{P}) \sin \alpha}$; c'est par cette dernière méthode que M. Bach détermine l'angle auxiliaire z.

89. *Calcul de l'heure de la plus grande phase pour une station donnée, et grandeur de cette phase.* La distance Δ devant être minimum, on aura $d\Delta = o$, ce qui conduit à

$$(x' - x) \left(\frac{dx'}{dt} - \frac{dx}{dt} \right) + (y' - y) \left(\frac{dy'}{dt} - \frac{dy}{dt} \right) = o.$$

Mais cette équation, dans laquelle les quantités x, x', $\dfrac{dx}{dt}$, $\dfrac{dx'}{dt}$, etc., sont toutes fonctions de t, est transcendante et ne saurait être résolue directement par rapport à t ; on prendra donc le temps approché de la plus grande phase, tel que le donne l'épure, et on en cherchera la correction.

Soit donc t le temps approché, compté à partir de la conjonction ;

$t + \theta$ le temps exact de la plus grande phase ;

On calcule, pour le temps t, les valeurs de x, x', y, y', qui dès lors sont des constantes ; en supposant les mouvements uniformes pendant le temps très-court θ, on aura

$$(62)\ldots\ldots \text{Coordonnées de la Lune} \begin{cases} x' + n\theta \\[2mm] y' + m\theta \cos \mathrm{D}' \end{cases} \qquad \text{Coordon. du Soleil} \begin{cases} x + \theta \dfrac{dx}{dt} \\[2mm] y + \theta \dfrac{dy}{dt}. \end{cases}$$

Ici n et m, ainsi que D', devront avoir les valeurs qui conviennent à l'époque t ; quant aux coefficients différentiels $\dfrac{dx}{dt}$, $\dfrac{dy}{dt}$, on remarquera que dans les équations (60) h est seul variable, et que par suite

$$\frac{dx}{dt} = (p - \mathrm{P}) \cos l \sin h \sin \mathrm{D} \, \frac{dh}{dt}$$

$$\frac{dy}{dt} = (p - \mathrm{P}) \cos l \cos h \, \frac{dh}{dt}$$

Or, on a $h = 15° \times (\mathrm{H} + t)$, H étant l'heure de la conjonction : par suite

$$\frac{dh}{dt} = \text{arc } 15° = \frac{\pi}{12} = 0{,}2617994.$$

L'équation (61) devient alors

$$(63)\ldots\ldots \Delta^2 = \left[(x' - x) + \theta\left(n - \frac{dx}{dt}\right)\right]^2 + \left[(y' - y) + \theta\left(m\cos D' - \frac{dy}{dt}\right)\right]^2$$

et la seule variable qu'elle contient est θ; en la différentiant maintenant, on obtient, pour le minimum de Δ, l'équation

$$(64)\ldots\left[(x' - x) + \theta\left(n - \frac{dx}{dt}\right)\right]\left(n - \frac{dx}{dt}\right) + \left[(y'-y) + \theta\left(m\cos D' - \frac{dy}{dt}\right)\right]\left(m\cos D' - \frac{dy}{dt}\right) = 0$$

Pour la résoudre, on posera

$$(65)\ldots\ldots \frac{\left(n - \dfrac{dx}{dt}\right)}{m\cos D' - \dfrac{dy}{dt}} = \text{tang } \psi$$

et l'on a

$$\theta = -\cos^2\psi\left[\frac{(x' - x)\,\text{tang } \psi + (y' - y)}{m\cos D' - \dfrac{dy}{dt}}\right]$$

Cette valeur de θ donne la correction du temps de la plus grande phase; cette phase elle-même se calculera par l'éq. (63), qui peut se mettre, en ayant égard aux deux dernières égalités, sous la forme très-simple :

$$(66)\ldots\quad \Delta = \pm \cos\psi\,[(x' - x) - (y' - y)\,\text{tang } \psi];$$

on a mis le double signe, parce que Δ doit être essentiellement positif, et l'on prendra des deux signes celui qui conviendra. On a ainsi la distance des centres vue de l'horizon absolu.

La portion du diamètre solaire recouverte par la Lune est alors

$$R + r - \Delta :$$

or r et Δ, étant vus, en réalité, du point M de la surface de la Terre et non de sa projection, devront être multipliés tous deux par le coefficient $\dfrac{1}{1 - \sin p\cos z}$; de sorte qu'il vient, pour la quantité de la plus grande phase

$$R + \frac{r - \Delta}{1 - \sin p\cos z}, \text{ ou } \frac{1}{2} + \frac{r - \Delta}{2\,R\,(1 - \sin p\cos z)}$$

selon qu'on voudra l'exprimer en secondes d'angle, ou en parties du diamètre solaire ; le nombre des doigts éclipsés sera $6 + \dfrac{6\ (r - \Delta)}{R\,(1 - \sin p\cos z)}.$

Il nous sera bien aisé maintenant de trouver l'angle que la ligne des centres FL (*fig.* 30) fait avec la perpendiculaire Fp à l'orbite relative, au moment de la plus grande phase. Menons Fs parallèle à l'axe des x, et Ls perpendiculaire à cette ligne ; nous aurons pFL $= p$F$s + s$FL ; or l'angle pF$s = $ COM $= \varphi$ est connu par la relation $\text{tang } \varphi = \dfrac{n}{m\cos D'}$, et l'angle sFL s'obtiendra par l'égalité

$$\text{tang } s\,\text{FL} = \frac{\text{L}s}{\text{F}s} = \frac{\left(y + \theta\,\dfrac{dy}{dt}\right) - (y' + m\,\theta\cos\text{D}')}{\left(x + \theta\,\dfrac{dx}{dt}\right) - (x' + n\theta)}$$

mais en vertu des relations (64 et 65), le second membre n'est autre que — tang ψ, donc l'angle $s\text{FL} = -\psi$, et par suite l'angle cherché, n, vaudra

$$n = \varphi - \psi\,;$$

si n est positif, la Lune n'a pas encore passé par la perpendiculaire à l'orbite relative menée par la projection de l'observateur; elle y a passé si n est négatif.

90. Pour donner une application de ces nouvelles formules, soit proposé de chercher l'heure et la quantité de la plus grande phase dans l'éclipse du 5 mai 1864 pour San Francisco; cet exemple particulier nous servira en même temps à faire voir comment ces sortes de calcul devront être conduits, lorsqu'on voudra obtenir toute l'exactitude possible. Comme nous aurons besoin des termes du second ordre, nous procéderons de la manière expliquée dans les n°⁵ 7 et 36, en commençant par chercher l'heure de la conjonction.

Le temps z étant compté à partir de 12 heures (t. moy. de Paris), nous trouvons d'abord

$$\text{\it R} \odot = 2^h\,52^m\,50^s,87 + 9^s,659\,z + 0^s,0005\,z^2$$
$$\text{\it R}\ \mathbf{C} = 2\ 51\ 41\,,98 + 140,195\,z + 0,025\,z^2$$

Égalant ces deux expressions, on obtient $z = 0^h,52770$; donc l'heure de la conjonction en ascension droite est

$12^h,52770 = 12^h\,31^m\,39^s,7$ t. moy. de Paris (ou $4^h\,12^m\,25^s,7$ t. moy. de San-Francisco); et l'ascension droite commune de la Lune et du Soleil est

$$\text{\it R}_0 = 2^h\,52^m\,55^s,97.$$

Ensuite nous formons les égalités suivantes dans lesquelles t exprime un temps quelconque *compté à partir de la conjonction* :

Déclinaison de la Lune...........	$\text{D}' = 16°\ 48'\ 34'',60 +$	$412'',63\ t - 3'',15\ t^2$
Id. du Soleil.............	$\text{D} = 16\ 33\ 6\,,23 +$	$42\,,08\ t - 0\,,014\ t^2$
Différence des déclinaisons........	$\text{D}' - \text{D} = 0\ 15\ 28\,,37 +$	$370\,,55\ t - 3\,,136\ t^2$
Mouvem^t hor. relatif en déclinaison.	$n = 370\,,55 -$	$6\,,272\ t$
Différence des ascensions droites...	$a = \ldots\ldots\ldots\ldots + 1958\,,41$	$t + 0\,,375\ t^2$
Mouvem^t hor. relatif en asc. dr....	$m = 1958\,,41 +$	$0\,,750\ t$
Parallaxe horizontale équatoriale $\mathbf{C}$.	$p = 3484\,,41 -$	$1\,,503\ t - 0\,,004\ t^2$
Demi-diamètre apparent de la Lune.	$r = 951\,,08 -$	$0\,,443\ t - 0\,,001\ t^2$
Id. » » du Soleil..	$\text{R} = 952\,,37 -$	$0\,,009\ t$

Cela posé, comme l'épure (n° 82) donne pour l'instant de la plus grande phase $5^h\,40^m$ t. moy. local (ce qui répond à $13^h\,59^m\,14^s$ t. moy. de Paris), nous en retrancherons l'heure de la conjonction, et nous aurons

Intervalle de temps écoulé depuis la conjonction $t = 1^h\,27^m\,34^s,3 = 1^h,45953$;

c'est là la valeur de t qu'il faudra employer dans nos équations pour trouver successivement :

1° *Les coordonnées de la Lune.* On fera dans les équations (59), $\text{D}' - \text{D} = 928'',37$;

$\text{D}' = 16°\ 48'\ 34'',60,\quad n = 370'',55;\quad \gamma = -3'',136;\quad m = 1958'',41;\quad k = 0'',375;$ (dans la seconde il faudra avoir soin de rétablir l'homogénéité en multipliant le terme $\frac{1}{2} mn$ tang D' par sin $1''$, ou en remplaçant l'arc m par sin m). On obtient

$$x' = 1462,52, \quad y' = 2735,90.$$

2° *Les coordonnées du Soleil*. On formera d'abord l'angle horaire h comme au n° 86 : à $13^h 59^m$ (t. moy. de Paris) l'équation du temps est égale à $-3^m 32^s,318$, et par suite l'heure vraie du phénomène est $5^h 43^m 32^s,318$ et l'angle horaire

$$h = 85° 53' 4'',77$$

Nous avons ensuite la latitude géocentrique de l'observateur $l = 37° 37' 23'',45$ (n° 86).

La déclinaison du Soleil, pour le moment du calcul, $\quad\quad D = 16\ 34\ \ 7,\ 62$

La parallaxe horizontale équatoriale de la Lune $\quad\quad = 3482'',21$;

$\quad\quad$ »$\quad\quad$ »$\quad\quad$ pour la latitude l, $3482''21 \times 0,998758 = 3477'',88$;

et comme la parallaxe du Soleil est $8'',50$, il vient, pour la différence $p - P$ à employer dans nos formules (60), $p - P = 3469'',38$.

Avec tout cela on trouve

$$x = 1973'',73 \quad\quad\quad y = 2740'',81$$
$$\frac{dx}{dt} = 204,\ 62 \quad\quad\quad \frac{dy}{dt} = 51,\ 63$$

3° Les valeurs de m, n, D' pour l'heure du calcul ;

$$m = 1959'',50 \quad n = 361'',40 ; \quad D' = 16° 58' 30''14.$$

On obtient alors

$$\text{tang } \psi = \frac{156,78}{1822,50}, \text{ d'où } \psi = 4° 55' 0'',29$$

$$\theta = \cos^2 \psi \times \frac{48,89}{1822,50} = 0^h,0266287 = 1^m 35^s,85.$$

de sorte que l'heure de la plus grande phase est $5^h 41^m 35^s,85$

Si l'on tenait à connaître cette heure avec la dernière exactitude, on recommencerait le calcul de θ avec la valeur

$$l = 1^h,45953 + 0^h,026629 - 1^h,486159.$$

On trouve ainsi

$$
\begin{array}{l|l|l|l|l|l}
x' = 1472'',14 & h = 86° 17'9'',3 & p - P = 3469'',34 & x = 1979'',21 & \dfrac{dx}{dt} = 204'',72 & m = 1959'',52 \\[2mm]
y' = 2785'',82 & D = 16\ 34\ 8,76 & D' = 16°58'40'',88 & y = 2742\ ,10 & \dfrac{dy}{dt} = 46\ ,60 & n = \ \ 361\ ,23 (1).
\end{array}
$$

$$\text{tang } \psi = \frac{156,51}{1827,51}, \ \psi = 4° 53' 41'',75 ; \ \theta = -\cos^2 \psi \frac{0,294}{1827,51} = -0^h 0001597 = -0^s,57.$$

Donc la *plus grande phase arrive à* $5^h 41^m 35^s,85 - 0^s,57$, c. à d. à $5^h 41^m 35^s,28$.

---

(1) Au lieu de recommencer le calcul tout entier par les formules (59) et (60) on aurait obtenu les nouvelles coordonnées x', y', x, y, à l'aide des formules (62), en y mettant pour θ, $\dfrac{dx}{dt}$, $\dfrac{dy}{dt}$, m, n, D' les valeurs déterminées par le calcul précédent.

L'équation (66) nous donne ensuite la distance des centres vue de la projection :

$$\Delta = 508'',95$$

Pour connaître la grandeur de l'éclipse, on calculera pour l'instant de la plus courte distance, les demi-diamètres vrais

$$R = 952'',36 ; \quad r = 950'',46 ; \quad \text{d'où } r - \Delta = 441,51 ;$$

ensuite le coefficient de correction, à l'aide de la formule

$$\cos z = \sin l \sin D + \cos h \cos l \cos D,$$

qui donne $\cos z = 0,2232636$, et comme p est est alors égal à $3477'',84$, on trouve

$$1 - \sin p \cos z = 0,9962357 ;$$

puis $R + \dfrac{r - \Delta}{1 - \sin p \cos z} = 952'',36 + 443'',19 = 1395'',55.$

Telle est, en secondes d'angle, la *grandeur de l'éclipse ;* en la rapportant au diamètre solaire, on la trouve égale à......................... 0,73268

ou enfin en doigts écliptiques........... $0,73268 \times 12 = 8,79$ *doigts.*

Resterait à obtenir l'angle η que la ligne des centres fait alors avec la perpendiculaire à l'orbite relative ; en mettant dans la formule $\tang \varphi = \dfrac{n}{m \cos D'}$ pour m, n et D' leurs valeurs correspondantes à l'heure du calcul, on trouve

$$\varphi = 10° \, 54' \, 35'',4$$

Retranchant de là l'angle ψ obtenu plus haut..... $\psi = 4 \, 53 \, 41, 7$

On obtient pour l'angle cherché.............. $\eta = 6° \, 0' \, 53'',7$

Ainsi, au moment de la plus grande phase, la Lune n'est pas encore arrivée jusqu'à la perpendiculaire menée à l'orbite relative par la projection de l'observateur, et la ligne des centres fait avec cette perpendiculaire un angle de 6°.

94. Il est facile de voir comment avec les formules de M. Bach, (n° 88) on corrigera les instants du commencement et de la fin de l'éclipse, connus approximativement par le procédé graphique ; d'après ce que nous avons dit sur cette question (n°ˢ 85 et 86), il ne sera pas nécessaire de nous y arrêter plus longuement ici.

Pour trouver la première et la dernière impression du disque lunaire sur le Soleil, on remarquera que l'angle cherché OFL (*fig.* 30) s'obtient par la différence des angles LFs et OFs ou FON, dont le premier est connu par la relation

$$\tang \psi = \frac{y - y'}{x - x'} ;$$

et l'autre par celle-ci :

$$\tang \alpha = \frac{y}{x} ;$$

de sorte que l'angle OFL $= \psi - \alpha.$

Les formules de M. Bach se prêtent également bien à l'éclipse totale ou annulaire ; voici comment on déterminera les instants des contacts intérieurs des disques du Soleil et de la Lune, c'est-à-dire le commencement et la fin de l'éclipse totale ou annulaire : quand on aura calculé, pour le moment de la plus grande phase, les quantités x', y', x, y et celles qui en dépendent, on regardera les mouvements comme uniformes pendant la durée toujours très-courte de l'éclipse totale ou annulaire, et l'on résoudra par rapport à θ l'équation du 2ᵉ degré

$$\left[(x' - x) + \theta\left(n - \frac{dx}{dt}\right)\right]^2 + \left[y' - y + \theta\left(m\,\cos\,\mathrm{D}' - \frac{dy}{dt}\right)\right]^2 = \left[1 - \mathrm{R}\,(1 - \sin p \cos z)\right];$$

la racine négative fera connaitre l'heure du commencement, et la positive l'heure de la fin de l'éclipse totale ou annulaire.

II. MÉTHODES PARALLACTIQUES, OU TRIGONOMÉTRIQUES.

92. Ces méthodes consistent à tirer des Tables astronomiques, pour plusieurs instants appartenant à la durée de l'éclipse générale, les lieux vrais S et L du Soleil et de la Lune, et à leur appliquer l'effet de la parallaxe pour en déduire les lieux apparents S' et L', c'est-à-dire tels qu'ils seraient vus de l'endroit où se fait l'observation ; la distance apparente Δ' s'obtient alors par la résolution d'un triangle sphérique ayant pour base S'L' et dont le sommet est tantôt le zénith, tantôt le pôle de l'écliptique, tantôt celui de l'équateur.

Cela fait, on compare la distance Δ' obtenue pour différents instants avec la somme, ou la différence des demi-diamètres apparents du Soleil et de la Lune, ce qui fera trouver les moments du commencement et de la fin de l'éclipse partielle, et de l'éclipse totale ou annulaire ; l'heure de la plus grande phase s'obtient en cherchant le moment où Δ' est le plus petit possible.

Comme la parallaxe agit seulement dans le vertical, où elle abaisse les astres au-dessous de leur position vraie, il semble que la première idée qui devait se présenter aux astronomes était de calculer les *distances zénithales apparentes*, avec la *différence des azimuts*. Les formules nécessaires à cet objet sont fort simples, et l'on n'a besoin que de la parallaxe de hauteur.

Soit (*fig.* 31) Z le zénith *vrai* de l'observateur, HOH' l'horizon occidental ; P le pôle de l'équateur, S et L les lieux vrais, S' et L' les lieux apparents du Soleil et de la Lune.

En considérant d'abord le triangle PZS, on a PZ $= 90°$ $- l$, l étant la latitude géocentrique du lieu de l'observation ; PL $= 90°$ $- $ D   ;   ZS $=$ la distance zénithale vraie du Soleil, que nous désignerons par Z ; l'angle ZPS est l'angle horaire h connu par le moment du calcul ; l'angle PZS $=$ A, l'azimut compté à partir du Nord. Ce triangle nous fournit les deux relations :

$$\cos Z = \sin l \sin D + \cos l \cos D \cos h$$

$$\cot A = \frac{\cos l \, \mathrm{tang}\, D}{\sin h} - \sin l \cot h$$

ou en posant

$$\mathrm{tang}\, u = \cos h \cot D$$

$$(67)\ldots\ldots \cot Z = \frac{\sin D \sin (l + u)}{\cos u} \quad \text{et} \quad \cot A = \frac{\cot h \cos (l + u)}{\sin u}$$

Le triangle PZL nous donne deux relations pareilles ; on n'a qu'à remplacer la déclinaison D du Soleil par celle D' de la Lune, et l'angle horaire h par $h - a$, a étant la différence d'ascension droite LPS de la Lune et du Soleil. On connaitra donc également la distance zénithale ZL $= z$, et l'azimut PZL $=$ A' de la Lune, et par suite la différence d'azimut vrai LZS $= (A - A')$.

Soit maintenant p la parallaxe *horizontale* de la Lune, corrigée de l'effet de l'aplatissement de la Terre (n° 54), et p' la parallaxe *de hauteur* correspondante à la distance zénithale apparente z'. On a

$$z' = z + p' \text{ et } \sin p' = \sin p \sin z'.$$

En éliminant p' entre ces deux équations, on obtient

$$(68) \ldots \ \tan z' = \frac{\sin z}{\cos z - \sin p} \ , \ \text{ou, si l'on veut,} \ \tan z' = \frac{\sin z}{2 \sin\left(45° - \dfrac{z + p}{2}\right) \cos\left(45 - \dfrac{z - p}{2}\right)} \ ;$$

Pour le soleil on aura de même

$$(69) \ldots \ \tan Z' = \frac{\sin Z}{\cos Z - \sin P} \ , \ \text{ou simplement} \ Z' = Z + P \sin Z.$$

Enfin, le triangle ZL'S' donnera l'équation

$$\cos \Delta' = \cos Z' \cos z' + \sin Z' \sin z' \cos (A - A')$$

qui se transformera sans peine en

$$(70) \ldots \ \sin^2 \tfrac{1}{2} \Delta' = \sin^2 \tfrac{1}{2} (z' - Z') + \sin z' \sin Z' \sin^2 \tfrac{1}{2} (A - A').$$

Vu la petitesse des angles Δ', $z' - Z'$, $A - A'$, on pourra remplacer les sinus par leurs arcs, et écrire

$$(71) \ldots \ \tan \theta = \frac{(A - A')\sqrt{\sin z' \sin Z'}}{z' - Z'} \ , \ \Delta' = \frac{z' - Z'}{\cos \theta} \ .$$

Les demi-diamètres apparents R' et r' se calculeront, avec la plus grande facilité, par les formules

$$(72) \ldots \ R' = R \frac{\sin Z'}{\sin Z} \ , \ r' = r \frac{\sin z'}{\sin z} \ .$$

Appliquons ceci à un exemple : *Trouver la distance apparente des centres, dans l'éclipse du 5 mai 1864, pour San-Francisco, à $4^h 38^m 45^s$ temps local.*

L'heure de la conjonction en ascension droite étant $4^h 12^m 25^s,7$ t. moy. de S.-Francisco (n° 90) on voit que le temps écoulé depuis ce phénomène jusqu'à l'heure du calcul est

$$t = 29^m 19^s,3 = 0^h, 438694.$$

Cette valeur étant introduite dans les égalités du n° 90, on obtient

$$D' = 16° 51' 35'',04 \ ; \ D = 16° 33' 24'',69 \ ; \ a = 859'',31 \ ;$$

puis, pour avoir h, on retranchera du temps moyen du calcul, l'équation du temps $- 3^m 32^s,12$, ce qui donne, en temps vrai $4^h 42^m 17^s,12$; ce temps converti en degrés donnera

$$h = 70° 34' 16''8 \ \text{et} \ h - a = 70° 19' 57'',5 \ (1).$$

En calculant avec ces éléments, et prenant $l = 37° 37' 23'',45$, on trouve

$$Z = 64° 45' 16'',09 \qquad A = 88° 1' 54'',52$$
$$z = 64 \ \ 23 \ \ 42 \ ,00 \qquad A' = 87 \ \ 53 \ \ 49 \ ,92$$
$$\overline{\qquad\qquad\qquad\qquad A - A' = 8' \ 4'',60 = 484'',60.}$$

On a ensuite la parallaxe horizontale corrigée de la Lune............ $p = \ \ 57' 59'',43$

» .... » .... du Soleil............ $P = \qquad 8\ ,50$

et les formules (68) et (69) donnent les distances zénithales apparentes

$$z' = 65° 16' 22'',40$$
$$Z' = 64 \ \ 45 \ \ 23 \ ,60$$
$$\overline{\text{d'où} \ z' - Z' = \qquad 30 \ \ 58,80}$$

Enfin les équations (71) donnent

---

(1) On peut encore trouver cet angle h (ou $h - a$) en cherchant l'heure sidérale pour le moment du calcul ; on en retranche l'ascension droite du Soleil (ou de la Lune) et on convertit le tout en degrés, en multipliant par 15 (voy. n° **94**).

$$\theta = 13° \, 17' \, 43'',4 \quad \text{et} \quad \Delta' = 1909'',99.$$

Pour comparer cette dernière distance avec la somme $R' + r'$ des demi-diamètres apparents, nous substituons dans les équations (72) à R et r leurs valeurs pour le temps de calcul :

$$R = 952'',363 \qquad r = 950'',901$$

et nous trouvons $\qquad R' = 952,380 \qquad r' = 957,771$ et $R' + r' = 1910'',15$,

cette dernière valeur ne surpasse Δ' que de $0'',16$, ce qui nous montre que le disque de la Lune commence à couvrir celui du Soleil, et que l'heure de notre calcul est celle du commencement de l'éclipse ; résultat qui est complétement d'accord avec celui que nous avons trouvé par la méthode des projections (n° 86).

Remarquons de plus que si nous menons les arcs S′K, L′V parallèles à l'horizon, la simplification que nous avons introduite dans le calcul de l'équation (70) revient à regarder Δ' comme l'hypoténuse d'un triangle rectangle dont l'un des côtés de l'angle droit est S′V ou $KL' = z' - Z'$, et l'autre L′V ou KS′, ou plutôt une moyenne entre les deux ; et que par suite l'angle auxiliaire θ n'est autre que l'angle que fait la distance des centres avec le diamètre vertical du Soleil ; ce qui nous dispense d'un nouveau calcul pour connaître le point du disque solaire entamé par la Lune.

93. Malgré la grande simplicité de cette méthode, que nous n'avons trouvée exposée dans aucun traité d'Astronomie, les astronomes préfèrent généralement celle dite du *nonagésime* (1), dans laquelle on rapporte les astres à l'écliptique, et où l'on calcule les parallaxes de longitude et de latitude. Nous allons dire en quoi consiste cette méthode, dont l'invention est attribuée à Kepler.

Considérons la figure 32, dans laquelle P est le pôle de l'équateur OMQ, P′ celui de l'écliptique OEC ; ABQD l'horizon oriental, et Z le zénith vrai du lieu du calcul. Le point M de l'équateur qui se trouve actuellement au méridien est ce qu'on appelle le *milieu du ciel* ; son ascension droite OM, et que nous désignerons par M, est égale à l'heure sidérale s du calcul, réduite en arc : $M = 15\,s$.

Soient ensuite L le lieu vrai de la Lune, L′ son lieu apparent dans le vertical ZLL′, de sorte que $LL' = p'$, parallaxe de hauteur qui répond à la distance zénithale apparente ZA′ ou z' ; on a $\sin p' = \sin p \sin z'$, p étant ici la parallaxe horizontale qui convient à la station donnée.

OG est la longitude vraie L de la Lune, et LG la latitude vraie λ

OG′ la longitude apparente L′, et L′G′ la latitude apparente λ'.

La détermination de ces deux derniers éléments dépend de la position qu'a l'écliptique par rapport à l'horizon, au moment du calcul. Si nous menons par le zénith le cercle de latitude P′ZB, son intersection N avec l'écliptique est ce qu'on appelle le *nonagésime*, car c'est le point de l'écliptique qui est à 90° de l'horizon en C ; l'arc $NB = H$ est la hauteur du nonagésime, et son complément $ZN = 90° - H$ la latitude du zénith ; l'arc ON, que nous représenterons par N, est la longitude du zénith ou du nonagésime.

C'est le triangle ZP′P qui va nous fournir ces coordonnées auxiliaires ; en effet, l'arc $P'Z = NB = H$, et l'angle P′, qui a pour mesure l'arc NE, est égal à $90° - N$, vu que O est le pôle du grand cercle P′PE. Dans ce triangle nous connaissons deux côtés $ZP = 90° - l$, $PP' = \omega$ obliquité de l'écliptique, et l'angle compris P ; car celui-ci est le supplément de l'angle MPD dont la mesure est $90° - M$; par conséquent $ZPP' = 90° + M$. En résolvant ce triangle, on a

---

(1) Voy. *Delambre*, Astronomie théorique et pratique, 1814, T. II, p. 414 ; Abrégé d'Astronomie, 1813, p. 392 et 393 ; Histoire de l'Astronomie moderne, pag., 465, article Lacaille, et ailleurs. *Francœur*, Astronomie pratique, Uranographie, etc.

$$(73)\ldots\ldots\left\{\begin{array}{l} \operatorname{tang} N = \cos \omega \operatorname{tang} M + \dfrac{\sin \omega \operatorname{tang} l}{\cos M}, \quad \text{ou, en posant } \operatorname{tang} \varphi = \cot l \sin M \\[2ex] \cos H = \cos \omega \sin l - \sin \omega \cos l \sin M; \qquad \cos H = \dfrac{\sin l \cos (\omega + \varphi)}{\cos \varphi} \\[2ex] \cos N \sin H = \cos l \cos M; \ \sin N = \cot H \operatorname{tang} (\omega + \varphi), \text{ ou tang } N = \dfrac{\operatorname{tang} M \sin (\omega + \varphi)}{\cos \varphi} \end{array}\right.$$

Il faut remarquer que si $s < 6^h$, N est $< 90°$ et l'on prendra pour N l'angle que donnent les Tables de logarithmes; si s est compris entre 6^h et 18^h, N sera compris entre $90°$ et $270°$; enfin si $s > 18^h$, on prendra pour N $360°$ moins l'arc donné par les Tables.

Cela posé, si nous désignons par π la parallaxe de longitude GP'G', et par n l'angle ZP'L, nous aurons $n = L - N$; puis le triangle parallactique P'LL' nous donnera

$$\frac{\cos \lambda}{\sin ZL' P'} = \frac{\sin p'}{\sin \pi},$$

et le triangle ZP'L' $\dfrac{\sin ZL' P'}{\sin H} = \dfrac{\sin (n + \pi)}{\sin z'}$;

en multipliant ces égalités membre à membre, et remplaçant $\sin p'$ par sa valeur $\sin p \sin z'$, il vient

$$(74)\ldots\ldots \frac{\cos \lambda}{\sin H} = \frac{\sin (n + \pi) \sin p}{\sin \pi},$$

d'on l'on tire, en développant $\sin (n + \pi)$,

$$(75)\ldots\ldots \operatorname{tang} \pi = \frac{\sin p \sin H \sin n}{\cos \lambda - \sin p \sin H \cos n}.$$

Pous calculer plus commodément cette formule, on peut faire usage d'un angle auxiliaire, ou développer en série. Dans le premier cas on posera

$$(76)\ldots\ldots \cos \beta = \frac{\sin p \sin H \cos n}{\cos \lambda}, \quad \text{et il vient tang } \pi = \frac{\sin p \sin H \sin n}{2 \cos \lambda \sin^2 \frac{1}{2} \beta};$$

et dans le second cas, on posera $u = \dfrac{\sin p \sin H}{\cos \lambda}$, et il vient

$$\operatorname{tang} \pi = u \sin n \left(1 + u \cos n + u^2 \cos^2 n + \ldots\right)$$

ou bien, pour exprimer π en secondes :

$$(77)\ldots\ldots \pi = u \frac{\sin n}{\sin 1''} + u^2 \frac{\sin 2n}{2 \sin 1''} + \frac{u^3 \sin 3n}{3 \sin 1''} \ldots\ldots$$

et l'on aura la *longitude apparente* $L' = L + \pi$.

Quant à la *latitude apparente*, on tirera la valeur de $\cos$ P'ZL des deux triangles P'ZL, P'ZL', ce qui donnera l'égalité

$$\frac{\sin \lambda - \cos z \cos H}{\sin z \sin H} = \frac{\sin \lambda' - \cos z' \cos H}{\sin z' \sin H},$$

d'où l'on déduit

$$\sin \lambda \sin z' - \sin \lambda' \sin z = \cos H \sin (z' - z).$$

Mais $\sin (z' - z) = \sin p \sin z'$, par suite il vient

$$(78)\ldots\ldots \sin \lambda' \sin z = \sin z' (\sin \lambda - \sin p \cos H).$$

Les mêmes triangles donnent $\sin Z = \dfrac{\cos \lambda \sin n}{\sin z} = \dfrac{\cos \lambda' \sin (n + \pi)}{\sin z'}$, d'où

$$(79)\ldots \quad \cos \lambda' \sin z = \sin z' \frac{\cos \lambda \sin n}{\sin (n + \pi)};$$

En divisant membre à membre les équations (78) et (79) il vient

$$(80)\ldots \quad \tang \lambda' = \frac{\sin \lambda - \sin p \cos H}{\cos \lambda \sin n} \sin (n + \pi).$$

Cette équation peut encore être traitée de deux manières : en développant $\sin (n + \pi)$, elle se met sous la forme

$$\tang \lambda' = \frac{(\sin \lambda - \sin p \cos H) \cos \pi}{\cos \lambda} \left[1 + \frac{\tang \pi \cos n}{\sin n} \right];$$

si l'on a égard aux valeurs de $\tang \pi$ et de $\cos \beta$, le facteur entre crochets devient successivement

$$\frac{\cos \lambda}{\cos \lambda - \sin p \sin H \cos n} = \frac{1}{2 \sin^2 \frac{1}{2} \beta}; \text{ et si ensuite on pose}$$

$$(81)\ldots \left\{ \begin{array}{l} \sin \xi = \sin p \cos H, \text{ il vient enfin} \\[1mm] \tang \lambda' = \dfrac{\sin \frac{1}{2} (\lambda - \xi) \cos \frac{1}{2} (\lambda + \xi) \cos \pi}{\cos \lambda \sin^2 \frac{1}{2} \beta}. \end{array} \right.$$

Préfère-t-on le calcul par séries, on introduira la parallaxe de latitude $\pi' = \lambda - \lambda'$, et après une suite de transformations on arrive finalement à la formule (1)

$$(82)\ldots \quad \pi' = \frac{y \sin (\varepsilon - \lambda)}{\sin 1''} + \frac{y^2 \sin 2 (\varepsilon - \lambda)}{2 \sin 1''} + \frac{y^3 \sin 3 (\varepsilon - \lambda)}{3 \sin 1''} \ldots$$

dans laquelle les quantités ε et y se calculent par les égalités

$$\cot \varepsilon = \frac{\tang H \cos \left(n + \dfrac{\pi}{2} \right)}{\cos \dfrac{\pi}{2}}, \quad y = \frac{\sin p \cos H}{\sin \varepsilon}.$$

Ces deux séries (77) et (82) sont très-convergentes, et l'on peut se borner le plus souvent aux deux premiers termes.

94. Nous sommes donc en mesure de calculer la longitude apparente et la latitude apparente de la Lune

$$L' = L + n, \quad \lambda' = \lambda - \pi'.$$

Si l'on applique de la même manière l'effet de la parallaxe au lieu vrai du Soleil, on en aura également la longitude apparente, et la latitude apparente Λ'; la distance apparente des centres Δ' se calculera alors en toute rigueur par la formule connue

$(83)\ldots \cos \Delta' = \sin \lambda' \sin \Lambda' + \cos \lambda' \cos \Lambda' \cos a$, ou $\sin^2 \frac{1}{2} \Delta' = \sin^2 \frac{1}{2} (\lambda' - \Lambda') + \cos \lambda' \cos \Lambda' \sin^2 \frac{1}{2} a$,

a étant la différence des longitudes apparentes de la Lune et du Soleil.

Dans la pratique, on opère un peu plus simplement : d'abord on suppose que le Soleil ne soit pas affecté de parallaxe, et l'on attribue à la Lune seule la différence des parallaxes, c'est-à-dire qu'au lieu de prendre dans les formules précédentes la parallaxe horizontale corrigée p, on prend $p - P$; le calcul est par là réduit presque de moitié; mais cette hypothèse n'est pas tout à fait exacte, puis-

---

(1) Pour le détail de ces transformations, voyez Francœur, Astronomie pratique ; Delambre, Abrégé d'Astronomie, leçon VI, etc.

que le facteur $\cos \lambda' \cos \Lambda'$ n'est pas proportionnel à la différence des latitudes ; l'erreur est du reste extrêmement petite, à cause du facteur $\sin^2 \frac{1}{2} a$ qui la multiplie.

En second lieu on considère comme rectiligne le petit triangle rectangle formé par l'arc d'écliptique a et la latitude λ', ce qui donne $\Delta'^2 = \lambda'^2 + a^2$, ou, en posant

$$(84)\ldots\ldots \quad \tan \theta = \frac{\lambda'}{a}, \quad \Delta' = \frac{a}{\cos \theta};$$

mais il serait plus exact et presque aussi court de faire

$$\tan \theta = \frac{\sin \frac{1}{2} \lambda'}{\cos \lambda' \sin \frac{1}{2} a} \quad \text{et} \quad \sin \frac{1}{2} \Delta' = \frac{\cos \lambda' \sin \frac{1}{2} a}{\cos \theta} \ .$$

Pour donner un exemple de ces calculs, cherchons encore la distance apparente des centres pour San-Francisco, le 5 mai 1864 à $4^h 38^m 45^s$ t. moy. local.

D'après les nᵒˢ 7 et 36, nous avons ;

Heure de la conjonction en longitude $= 12^h 386146 = 12^h 23^m 10^s,126$ t. moy. de Paris.

Retranchons-en la longitude de San-Francisco.....   8   19   14,000   ouest.

Heure de la conjonction, en temps moy. local.....   4   3   56,126

Temps écoulé depuis la conjonction jusqu'à l'heure du calcul $34^m 48^s,874 = 0^h,580243$.

En faisant, par suite, $t = 0,580243$ dans les égalités du nᵒ 36, nous trouvons, pour le moment du calcul :

Longitude de la Lune $L = 46° 1' 36'',57$ Latitude de la Lune............ $\lambda = 13'25'',05$

»   du Soleil $\odot = 45\ 43\ 13,36$ Différ. des parall. horiz.... $p - P = 3470, 920$

Demi-diamètres vrais.. $r =$ $950,901$ $R =$ $952, 363$

Le temps sidéral, calculé d'après la règle donnée par la Connaissance des Temps (page 414), est :

$$s = 7^h 35^m 17^s,392, \text{ et par suite } M = 113° 49' 20'',88.$$

On a d'ailleurs $\omega = 23° 27' 18'',93$; latit. corrigée $l = 37\ 37\ 23\ ,45$.

Avec ces valeurs, les équations (73) nous donnent d'abord

$$\varphi = 49° 53' 5'',39 \quad H = 74° 14' 20'',61 \qquad\qquad N = 109° 24' 53'',52$$

$$n = L - N = -63° 23' 16'',95.$$

Puis les équations (76) et (81) donnent

$$\beta = 89° 35' 3'',67 \quad \pi = -50' 8'',034 \quad L' = L + \pi = 45° 11' 28'',54$$

$$\xi = 15\ 42\ ,745 \qquad\qquad\qquad \lambda' = -\ 2' 18'',686.$$

Enfin, faisant des relations (84) $a = \odot - L' = 31' 44'',82$, on obtient

$$\theta = 4° 9' 51'',2 \text{ et } \Delta' = 1909,88.$$

95. Pour trouver l'heure d'un contact, il faut encore savoir calculer pour un instant donné le demi-diamètre apparent de la Lune ; (on néglige dans cette méthode la variation très-petite du diamètre solaire avec son changement de hauteur). Exprimons donc r' en fonction de r, L et L'.

Nous avons la relation connue

$$\frac{r'}{r} = \frac{\sin z'}{\sin z}.$$

Or, en vertu de l'équation (79), on peut écrire

$$\frac{\sin z'}{\sin z} = \frac{\cos \lambda' \sin (n + \pi)}{\cos \lambda \sin n} = \frac{\cos \lambda' \cos \pi}{\cos \lambda} \left(1 + \frac{\tan \pi \cos n}{\sin n} \right) = \frac{\cos \lambda' \cos \pi}{2 \cos \lambda \sin^2 \frac{1}{2} \beta} \ .$$

On a donc

$$(85)\ldots\ldots\ r' = r\ \frac{\cos \lambda' \cos \pi}{2 \cos \lambda \sin^2 \frac{1}{2}\beta}\ .$$

Dans le calcul par séries, en appelant x l'augmentation du demi-diamètre lunaire, on arrive à la formule :

$$x' = r \cot (\varepsilon - \lambda)\ (\pi' \sin 1'') - \tfrac{1}{2} r\ (\pi' \sin 1'')^2 ;$$

ε et π' ont la signification données dans le n° précédent.

En comparant la distance Δ' avec $r' + R$, on saura donc si, au moment du calcul, il y a éclipse ou non. Ainsi, dans notre exemple, on trouve par la formule (85) $r' = 957,754$; et comme $R = 952,363$, on a $r' + R = 1910,117$, quantité qui surpasse seulement de $0'',235$ la valeur obtenue par Δ' ; l'éclipse vient donc de commencer.

En général, quand on ne connait pas même à peu près le moment où aura lieu l'éclipse, on fera ces calculs pour des instants suffisamment rapprochés, de demi-heure en demi-heure, par exemple ; une interpolation fera connaître les variables de 5 minutes en 5 minutes, et on reconnaîtra facilement à quel moment la condition $\Delta' = r' + R$ est remplie à peu près. On pourra également trouver ces époques par une opération graphique très-simple :

Sur une ligne droite AB qui représente l'écliptique, on prendra un point quelconque S pour le centre du Soleil, et l'on y portera les distances SA, SA′, SA″, etc., égales à la différence des longitudes apparentes du Soleil et de la Lune aux diverses heures du calcul ; on y élèvera les perpendiculaires Aa, A′a', A″a'', etc., égales à la latitude apparente de la Lune aux mêmes époques, et l'on fera passer par tous les points a, a', a''... une courbe qui différera peu d'une ligne droite, et qui sera l'*orbite relative apparente*. Puis d'un rayon égal à $r' + R$, on marquera les points C et F du commencement et de la fin ; la perpendiculaire SM à l'orbite donnera l'instant approché de la plus grande phase.

Cette construction, exécutée sur une échelle convenable, permettra donc de déterminer, comme pour une éclipse de Lune, les heures des contacts et de la plus grande phase, la quantité et la durée de l'éclipse de Soleil pour un lieu particulier, avec l'approximation d'une minute, ce qui suffit pour se préparer à l'observation. Mais pour connaître le point du disque solaire qui le premier sera entamé par la Lune, il resterait à faire un petit calcul que nous indiquerons plus loin.

96. Si l'on veut prédire *exactement* les circonstances de l'éclipse, on calculera pour l'instant obtenu par la première approximation, les longitudes *apparentes* $\odot$ et L du Soleil et de la Lune, la latitude *apparente* λ de la Lune, les mouvements horaires relatifs *apparents* en longitude et en latitude, m, n ; la distance apparente Δ des centres, la somme des demi-diamètres apparents ; puis, en regardant l'instant cherché comme différent assez peu de l'instant supposé, pour que dans l'intervalle les mouvements horaires puissent être employés comme uniformes, on calculera la nouvelle distance des centres comme l'hypoténuse d'un triangle rectangle dont les deux côtés de l'angle droit sont $a + mt$, $\lambda + nt$; on aura donc

$$(a + mt)^2 + (\lambda + nt)^2 = (R + r)^2 ;$$

mais $a^2 + \lambda^2 = \Delta^2$; si donc on pose $(R + r)^2 - \Delta^2 = A$, $am + \lambda n = B$, il vient

$$(m^2 + n^2)\ t^2 + 2Bt = A,$$

$$t = \frac{- B \pm \sqrt{B^2 + A\ (m^2 + n^2)}}{m^2 + n^2}\ ;$$

le signe qu'il faudra prendre au radical est celui qui rend $t = o$ quand $R + r = \Delta$, ou $A = o$; c'est-à-dire, le signe contraire à celui de B. Mais sous cette forme la valeur de l, qui est fort petite, serait donnée par la différence de deux quantités qui peuvent être assez grandes ; on évitera cet inconvénient en faisant passer le radical au dénominateur

$$l = \frac{A}{B + \sqrt{B^2 + A\,(m^2 + n^2)}},$$

ou bien en développant en série la puissance $\frac{1}{2}$ de la quantité sous le radical :

$$l = \frac{A}{2\,B} - \frac{A^2\,(m^2 + n^2)}{8\,B^3}.$$

Cette valeur de l, prise avec son signe, devra être ajoutée à l'heure de départ, et l'on saura déterminer avec une très-grande exactitude soit l'heure du commencement, soit celle de la fin de l'éclipse.

Veut-on obtenir ces moments avec la dernière exactitude, on recommencera le calcul de tous les éléments pour cette nouvelle époque, et l'on déterminera par le même procédé la correction du temps.

Enfin, l'instant de la plus grande phase et la quantité de cette plus grande phase se calculeront comme on l'a dit plus haut. (Voy. n° 19).

L'angle que le diamètre vertical du Soleil fait avec la ligne des centres à l'instant du contact peut être déterminé assez simplement de la manière suivante : dans le triangle ZNS (*fig.* 33) rectangle en N, on connaît ZN, latitude du zénith $= 90° - $ H ; SN, différence entre les longitudes du Soleil et du zénith, $= \odot - $ N ; on en tire

$$\cot\,ZSN = \sin\,(\odot - N)\,\tang\,H,$$

relation qui donne l'angle de l'écliptique avec le vertical du Soleil. D'un autre côté nous connaissons l'angle LSG par l'équation (84)

$$\tang\,LSG \text{ ou } \tang\theta = \frac{\lambda'}{a};$$

l'angle cherché LSZ est la différence de ces deux angles.

Dans l'exemple numérique précédent, nous avons

$\odot - N = -63° 41' 40'',20,\quad$ H $= 74° 14' 20'',61$, et l'on trouve..... ZSN $= 162° 31' 36''$
et puisque λ' est négatif, θ l'est aussi et devra être ajouté.................. $\theta = + \quad 4 \quad 9 \quad 42$
donc l'arc compris entre le contact et l'extrémité supér. du diam. vertical du Soleil : $\overline{\qquad 166° 41' \ 8''}$
ou distance du contact au point le plus inférieur du Soleil................. $13° 18' 52''$

97. Tout ce que nous venons de faire (n°ˢ 93 à 96) par les longitudes et les latitudes, on peut le faire par les *déclinaisons* et les *ascensions droites*.

Pour avoir les formules de parallaxe relatives à ce cas, il n'y a qu'à supposer $\omega = o$, l'écliptique deviendra l'équateur, le nonagésime se confondra avec le milieu du ciel, on aura N $=$ M, H $= 90 - l$, $n = h$; on remplacera λ par D$'$, déclinaison vraie de la Lune, λ' par D$''$ déclinaison apparente, et l'on aura les formules correspondantes

$$\tang\,\pi = \frac{\sin p \cos l \sin h}{2 \cos D' \sin^2 \frac{1}{2}\beta} \text{ avec } \cos\beta = \frac{\sin p \cos l \cos h}{\cos D'}$$

$$\tang\,D'' = \frac{\sin \frac{1}{2}(D' - \xi) \cos \frac{1}{2}(D' + \xi) \cos \pi}{\cos D' \sin^2 \frac{1}{2}\beta} \text{ avec } \sin\xi = \sin p \sin l$$

$$r' = r\,.\,\frac{\cos D'' \cos \pi}{2 \cos D' \sin^2 \frac{1}{2}\beta}$$

Les formules en séries sont moins convergentes, parce que la déclinaison de la Lune peut aller à 28°, au lieu que la latitude ne va pas à 5°. On devra donc préférer les formules finies, et le calcul devra être fait avec plus d'exactitude que dans la méthode du nonagésime, dans laquelle une erreur de quelques secondes sur N et H n'influe pas sur le résultat.

98. En vue d'éviter le calcul un peu long des parallaxes, *De Lalande* avait imaginé la méthode suivante : pour le moment où il veut obtenir la distance apparente des centres, il commence par déterminer la déclinaison D du Soleil, sa longitude $\odot$, l'angle horaire h, la longitude et la latitude de la Lune L et λ, ainsi que l'angle de position $\varkappa$. Il calcule la distance zénithale z du Soleil, et l'angle α de son vertical avec le cercle de déclinaison, par les formules connues

$$\cos z = \sin l \sin D + \cos l \cos D \cos h$$

$$\cot \alpha = \frac{\tang l \cos D}{\sin h} - \sin D \cot h.$$

Soit (*fig.* 34) P$'$ le pôle de de l'écliptique, P celui de l'équateur, Z le zénith vrai, S et L les lieux vrais du Soleil et de la Lune ; ZS $= z$, ZSP$' = \alpha$, P$'$SP $= \varkappa$. Il détermine :

1° L'*angle parallactique* ZSP$' = \varphi$, formé par le vertical et le cercle de latitude ; cet angle est la somme ou la différence des deux derniers angles. De Lalande discute toutes les positions respectives de ces cercles, mais on pourra dans tous les cas écrire

$$\varphi = \alpha + \varkappa$$

en regardant comme positifs

$\varkappa$, quand $\cos \odot$ est positif, ou quand le Soleil est dans les signes ascendants ;

α et φ, après le passage du Soleil au méridien, c'est-à-dire du côté de l'occident.

2° L'*angle de conjonction* P$'$SL $= \xi$, formé par le cercle de latitude P$'$S et la distance des centres SL. Pour obtenir cet angle, soit abaissée la perpendiculaire LB sur SP$'$; SB est la latitude de la Lune à l'instant du calcul, LB la différence des longitudes L $- \odot$ mesurée dans la région de la Lune, donc

$$\tang \xi = \frac{(L - \odot) \cos \lambda}{\lambda} \text{ , ou mieux } \tang \xi = \frac{\tang (L - \odot)}{\tang \lambda} \text{ ;}$$

3° L'*angle de distance* ZSL ou S$' = \xi - \varphi$.

4° La *distance vraie* SL ou $\Delta = \dfrac{(L - \odot) \cos \lambda}{\sin \xi}$.

Abaissons LC perpendiculaire sur ZS, et nous aurons

<table>
<tr><td>Différence de hauteur vraie</td><td>SC $= \Delta \cos$ S$'$</td></tr>
<tr><td>Différence d'azimut vrai</td><td>LC $= \Delta \sin$ S$'$,</td></tr>
<tr><td>Distance zénithale vraie de la Lune</td><td>ZC $= z - \Delta \cos$ S$'$.</td></tr>
</table>

Supposons maintenant que la parallaxe rejette la Lune en L$'$ dans son vertical, et menons L$'$D perpendiculaire à ZS ; on pourra calculer la parallaxe CD ou p' par la formule connue

$$p' = (p - P) \sin ZC + \tfrac{1}{2} (p - P)^2 \sin 2ZC \sin 1'' + \dots.$$

De Lalande s'y prend un peu différemment ; il fait d'abord $p' = (p - P) \sin ZC$, puis il ajoute cette valeur de p' à ZC, ce qui lui fournit à très-peu près la distance zénithale apparente avec laquelle il recommence le calcul de la parallaxe. Il fait ensuite subir à cette parallaxe la correction due à la non sphéricité de la Terre, et il a la parallaxe de hauteur LL$'$ ou CD dans le sphéroïde aplati.

De Lalande recommande encore, dans le cas où l'on veut calculer avec précision, de corriger la différence d'azimut vrai de la parallaxe d'azimut, précaution inutile le plus ordinairement. On obtient du reste facilement la différence d'azimut apparent DL' par l'égalité $DL' = CL \times \dfrac{\sin ZD}{\sin ZC}$.

Enfin si l'on retranche la distance zénithale du Soleil de la distance zénithale apparente de la Lune, on aura SD, et la distance apparente SL' des deux astres sera donnée par la formule

$$\Delta'^2 = \overline{SD}^2 + \overline{DL'}^2 .$$

99. *Delambre* donne dans son Astronomie (1) une méthode qui nous semble préférable à celle de La Lande sous plusieurs rapports ; au lieu de la parallaxe de hauteur, il emploie ce qu'il appelle la *parallaxe de distance*, mesurée par les lignes qui vont du Soleil aux lieux vrai et apparent de la Lune. Il suppose que l'on connaisse pour l'instant du calcul la déclinaison du Soleil et son angle horaire ZPS $= h$; de plus la distance vraie Δ et l'angle PSL $= S$, calculés comme il a été dit n° 71. Il calcule encore les quantités SZ $= z$ et PSZ $= \alpha$ par le triangle PSZ.

On aura donc l'angle ZSL $= S' = S - \alpha$, et par suite on connaitra dans le triangle ZSL deux côtés et l'angle compris.

Supposons maintenant la Lune portée en L' par la parallaxe relative de hauteur ; la *parallaxe de distance* LSL' $= \pi$ se calculera comme la parallaxe de longitude ; il suffira de mettre SZ au lieu de PZ, ou z au lieu de H ; S' au lieu de n, et $\sin \Delta$ au lieu de $\cos \lambda$, et il vient d'abord

$$(86) \ldots \ldots \quad \frac{\sin \Delta}{\sin z} = \frac{\sin p \sin (S' + \pi)}{\sin \pi} , \quad \text{et puis} \quad \operatorname{tang} \pi = \frac{\sin p \sin z \sin S'}{\sin \Delta - \sin p \sin z \cos S'} ;$$

alors on aura l'angle ZSL' $= S' + \pi = S''$.

Cela fait, pour avoir L'S ou Δ', on commencera par calculer la différence d'azimut LZS par la formule

$$\cot Z = \frac{\cot \Delta \sin z}{\sin S} - \cos z \cot S' ;$$

le trangle ZSL' donnera ensuite

$$\cot \Delta' = \cot z \cos S'' + \frac{\sin S'' \cot Z}{\sin z} ,$$

équation qui, en vertu de la précédente, et de l'éq. (86) devient successivement

$$\cot \Delta' = \frac{\sin S''}{\sin S'} \left(\cot \Delta - \frac{\cot z \sin \pi}{\sin S''} \right) = \frac{\sin S''}{\sin S'} \left(\cot \Delta - \frac{\cos z \sin p}{\sin \Delta} \right) .$$

Si donc on pose $\cot u = \dfrac{\cos z \sin p}{\sin \Delta}$, il vient

$$\cot \Delta' = \frac{\sin S'' \sin (u - \Delta)}{\sin S' \sin \Delta \sin u} .$$

On obtient donc encore directement la distance apparente des centres par la simple Trigonométrie. Cette méthode a encore, comme celle que nous avons donné n° 92, l'avantage de faire connaitre l'angle S'' que le diamètre vertical du Soleil fait avec la distance des centres ; de plus il est facile d'obtenir le demi-diamètre apparent de la Lune ; car si l'on observe que

$$ZL = z - CS = z - \Delta \cos S', \text{ et } ZL' = z - SD = z - \Delta' \cos S'', \text{ on aura}$$

---

(1) Astronomie théorique et pratique, T. II, p. 417.

$$\frac{\sin r'}{\sin r} = \frac{\sin (z - \Delta' \cos S'')}{\sin (z - \Delta \cos S')} = \frac{1 - \cot z \sin (\Delta' \cos S'')}{1 - \cot z \sin (\Delta \cos S')} \text{, et à très-peu près}$$

$$\frac{r'}{r} = 1 + \cot z \,(\sin \Delta \cos S' - \sin \Delta' \cos S'') .$$

Nous avons cru devoir parler de ces deux dernières méthodes, comme étant données par des astronomes qui jouissent d'une grande réputation ; mais nous ne voyons pas en quoi elles sont plus exactes et surtout plus simples que celle que nous avons développée n° 92 ; nous laissons à des personnes plus compétentes le soin de se prononcer sur cette question.

III. MÉTHODES ANALYTIQUES.

100. A cette classe appartiennent d'abord les deux méthodes que nous avons exposées dans la 1re partie (n°s 15 à 23) ; puis celle de Duséjour (n° 58) ; dans toutes on arrive, par un procédé analytique, à une formule qui donne, pour un instant et une station donnés, la distance apparente des centres du Soleil et de la Lune ; mais aucune d'elles, pas plus que les méthodes parallactiques, ne peut donner directement la solution de la question inverse : *trouver l'instant où la distance apparente des centres est d'une grandeur assignée,* par exemple égale à la somme ou à la différence des demi-diamètres apparents. La raison en est bien simple ; les variables de l'éclipse sont toutes des fonctions du *temps* qui est l'inconnue du problème ; les équations à résoudre sont donc transcendantes, et pour les amener à n'avoir qu'une seule variable il faudrait avoir l'expression finie du sinus et du cosinus en valeur de cet arc.

M. *Mahistre* (1) a cherché à vaincre cette difficulté ; envisageant même la question dans toute sa généralité, il donne des formules qui permettent de déterminer six quelconques des neuf variables qui entrent dans le problème général des éclipses, connaissant les trois autres. C'est cette méthode qu'il nous reste à exposer.

Méthode de M. Mahistre.

101. L'auteur commence par donner la formule (23), et sa transformée (26), ou, simplement,
$$(87) \ldots \ldots \Delta^2 = (m^2 + n^2)\, t^2 + 2\, n\, \lambda_0\, t + \lambda_0{}^2 ,$$
dans laquelle m est le mouvement horaire *relatif* de la Lune en longitude, n son mouv. hor. en latitude, λ_0 la latitude à l'instant de la conjonction. Cette équation servira à calculer, pour un instant quelconque, la distance *vraie* des centres du Soleil et de la Lune, ainsi qu'à trouver l'heure du commencement et de la fin de l'éclipse générale, comme cela a été expliqué n°s 34 et 35.

Voici maintenant la manière fort simple dont M. Mahistre arrive à exprimer la distance apparente des deux astres, pour un endroit quelconque de la Terre, en fonction de la distance vraie et des éléments relatifs au lieu de l'observation.

---

(1) Mémoire sur la théorie des éclipses de Lune et de Soleil, et la détermination de l'aplatissement des méridiens terrestres, par M. *Mahistre,* professeur à la Faculté des sciences de Lille ; Lille, 1855.

En nous reportant à la *fig.* (4), et au n° 18 où nous avons fait un petit emprunt à la démonstration présente, les triangles STL et SML donnent l'égalité :

$$\overline{ST}^2 + \overline{LT}^2 - 2\,ST \times LT \cos \Delta = \overline{SM}^2 + \overline{LM}^2 - 2\,SM \times LM \cos \Delta'.$$

Or si nous appelons, comme précédemment (1), Z et z les distances zénithales vraies du Soleil et de la Lune, Z' et z' les distances zénithales apparentes (observées du point M) ; P et p les parallaxes horizontales, P' et p' les parallaxes de hauteur ; R et r les demi-diamètres vrais, et R' et r' les demi-diamètres apparents des deux astres, nous aurons d'abord

$$SM = \frac{\sin Z}{\sin Z'}\,ST \,;\ LM = \frac{\sin z}{\sin z'}\,LT \,;\ \frac{LT}{ST} = \frac{\sin P}{\sin p}\,;$$

substituons dans l'équation précédente les valeurs de SM et de LM ; divisons ensuite tous les termes par $2\,ST \times LT$, et résolvons enfin par rapport à $\cos \Delta'$, nous arriverons sans peine à l'équation fondamentale suivante :

$$(88)\ldots \cos \Delta' = \frac{\sin Z' \sin z'}{\sin Z\ \sin z}\cos \Delta - \tfrac{1}{2}\frac{\sin p}{\sin P}\frac{\sin z'}{\sin z}\left(\frac{\sin Z'}{\sin Z} - \frac{\sin Z}{\sin Z'}\right) - \tfrac{1}{2}\frac{\sin P}{\sin p}\frac{\sin Z'}{\sin Z}\left(\frac{\sin z'}{\sin z} - \frac{\sin z}{\sin z'}\right)$$

Les quantités qui entrent dans cette équation sont liées entre elles par les relations connues :

$$(89)\ldots\ldots \begin{cases} Z' = Z + P' & \sin P' = \sin P \sin Z' \\ z' = z + p' & \sin p' = \sin p \sin z' \end{cases}$$

et de plus on a :

$$(90)\ldots\ldots \frac{\sin Z'}{\sin Z} = \frac{\sin R'}{\sin R}\,,\ \frac{\sin z'}{\sin z} = \frac{\sin r'}{\sin r}\,;\ \text{ou simplement :}\ \frac{\sin Z'}{\sin Z} = \frac{R'}{R}\,,\ \frac{\sin z'}{\sin z} = \frac{r'}{r}\,.$$

Ces relations permettent de mettre l'équation (88) sous différentes formes, notamment la suivante :

$$(91)\ldots \cos \Delta' = \frac{\sin R' \sin r'}{\sin R\ \sin r}\cos \Delta - \tfrac{1}{2}\frac{\sin p}{\sin P}\frac{\sin r'}{\sin r}\left(\frac{\sin^2 R' - \sin^2 R}{\sin R' \sin R}\right) - \tfrac{1}{2}\frac{\sin P}{\sin p}\frac{\sin R'}{\sin R}\left(\frac{\sin^2 r' - \sin^2 r}{\sin r' \sin r}\right),$$

dans laquelle on pourra remplacer $\sin^2 R' - \sin^2 R$ par $\sin (R' + R) \sin (R' - R)$ et $\sin^2 r' - \sin^2 r$ par $\sin (r' + r) \sin (r' - r)$.

102. Proposons-nous maintenant de chercher l'*instant où une éclipse d'une phase donnée est visible d'une station donnée.*

Pour cela remplaçons $\cos \Delta'$ par $1 - \dfrac{\Delta'^2}{2}$ et $\cos \Delta$ par $1 - \dfrac{\Delta^2}{2}$, et résolvons par rapport à Δ ; l'équation précédente deviendra :

$$(92)\ldots \Delta^2 = \frac{\sin R \sin r}{\sin R' \sin r'}\Delta'^2 + 2\left(1 - \frac{\sin R \sin r}{\sin R' \sin r'}\right) - \frac{\sin p}{\sin P}\left(1 - \frac{\sin^2 R}{\sin^2 R'}\right) 1 - \frac{\sin P}{\sin p}\left(1 - \frac{\sin^2 r}{\sin^2 r'}\right).$$

Il s'agit à présent d'introduire le temps écoulé depuis la conjonction jusqu'à la phase en question. Supposons à cet effet que p_0, r_0, r'_0, R_0, R'_0 soient les valeurs des quantités p, r, r', R, R' à l'instant de la conjonction (en longitude), et que α, ε, ε', φ, φ' expriment les variations horaires de ces mêmes quantités ; on aura, à très-peu près :

$$\sin p = \sin p_0 + \alpha t$$
$$\sin r = \sin r_0 + \varepsilon t \qquad \sin r' = \sin r'_0 + \varepsilon' t,$$
$$\sin R = \sin R_0 + \varphi t, \qquad \sin R' = \sin R'_0 + \varphi' t\,;$$

---

(1) En vue de l'uniformité de notre travail, nous n'avons pu conserver toutes les notations de l'auteur.

remplaçons ensuite le rapport des sinus des petits arcs par le rapport des arcs eux-mêmes, et posons

$$K = \frac{\varphi}{R'_o} - \frac{R_o}{R'_o}\frac{\varphi'}{R'_o} \;,\; k = \frac{\varepsilon}{r'_o} - \frac{r_o}{r'_o}\frac{\varepsilon'}{r'_o},$$

il vient, en négligeant les termes du second ordre,

$$\frac{\sin R}{\sin R'} = \frac{R_o}{R'_o} + Kt \;,\qquad \frac{\sin^2 R}{\sin^2 R'} = \frac{R_o{}^2}{R'_o{}^2} + 2\frac{R_o}{R_o{}'}Kt$$

$$\frac{\sin r}{\sin r'^2} = \frac{r_o}{r'_o} + kt \;,\qquad \frac{\sin^2 r}{\sin^2 r'} = \frac{r_o{}^2}{r'_o{}^2} + 2\frac{r'_o}{r_o}kt$$

$$\frac{\sin R \sin r}{\sin R' \sin r'} = \frac{R_o\, r_o}{R'_o\, r'_o} + \left(\frac{R_o}{R'_o}k + \frac{r_o}{r'_o}K\right)t$$

$$\frac{\sin P}{\sin p} = \frac{\sin P}{\sin p_o} - \frac{\sin P}{\sin p_o}\frac{\sin \alpha}{\sin p_o}t \; \text{ et } \; \frac{\sin p}{\sin P} = \frac{\sin p_o}{\sin P} + \frac{\alpha}{P}t.$$

Substituons toutes ces valeurs dans l'équation (92), et pour la simplicité de l'écriture supprimons l'indice o ; elle deviendra, en ayant égard à l'équ. (87) :

$$(93)..(m^2+n^2)t^2+2n\lambda t+\lambda^2=\left[\frac{Rr}{R'r'}+\left(\frac{r}{r'}K+\frac{R}{R'}k\right)t\right]\Delta'^2-\frac{\sin p}{\sin P}\left(1-\frac{R}{R'^2}\right)-\frac{\sin P}{\sin p}\left(1-\frac{r^2}{r'^2}\right)+2\left(1-\frac{Rr}{R'r'}\right)$$
$$+\left[2K\frac{R\,\sin p}{R'\sin P}+2k\frac{r\,\sin P}{r'\sin p}+\frac{\sin\alpha\sin P}{\sin^2 p}\left(1-\frac{r^2}{r'^2}\right)-\frac{\alpha}{P}\left(1-\frac{R^2}{R'^2}\right)-2\left(\frac{r}{r'}K+\frac{R}{R'}k\right)\right]t.$$

Cela posé, si nous voulons trouver l'instant du commencement ou de la fin de l'éclipse dans la station proposée, il n'y a qu'à faire

$$\Delta' = r' + R' = r'_o + R'_o + (\varepsilon' + \varphi')t, \text{ ou}$$
$$\Delta'^2 = (r'_o + R'_o)^2 + 2\,(r'_o + R'_o)\,(\varepsilon' + \varphi')\,t.$$

Par un contact intérieur, on aurait $\Delta' = r' - R'$; et si nous supposons R' susceptible du double signe, la même formule renfermera la condition des deux espèces de contact. Mettons donc à la place de Δ'^2 la valeur donnée ci-dessus, et négligeons encore les indices, nous arriverons à l'équation du 2e degré :

$$(94)\ldots\ldots M t^2 + 2\,N t + \lambda^2 - Q = 0$$

dans laquelle on a posé

$$(95)\ldots\ldots\begin{cases} M = m^2 + n^2 \\[2mm] N = n\lambda - K\dfrac{R\,\sin p}{R'\,\sin P} - k\dfrac{r\,\sin P}{r'\,\sin p} - \dfrac{1}{2}\dfrac{\sin\alpha\,\sin P}{\sin^2 p}\left(1 - \dfrac{r^2}{r'^2}\right) + \dfrac{\alpha}{2P}\left(1 - \dfrac{R^2}{R'^2}\right) \\[3mm] \qquad - \dfrac{R\,r}{R'\,r'}(R'+r')(\varepsilon'+\varphi') + \left(\dfrac{r}{r'}K + \dfrac{R}{R'}k\right) - \dfrac{1}{2}\left(\dfrac{r}{r'}K + \dfrac{R}{R'}k\right)(R'+r')^2 \quad (1) \\[3mm] Q = \dfrac{Rr}{R'\,r'}(R'+r')^2 + 2\left(1 - \dfrac{Rr}{R'r'}\right) - \dfrac{\sin p}{\sin P}\left(1 - \dfrac{R^2}{R'^2}\right) - \dfrac{\sin P}{\sin p}\left(1 - \dfrac{r^2}{r'^2}\right) \end{cases}$$

Le terme indépendant $\lambda^2 - Q$ dans l'équation (94) peut se mettre sous une autre forme : en faisant $t = o$ dans l'équation (93), on obtient la valeur de $\Delta'_o{}^2$ et si l'on en retranche l'équation $Q =$ etc., on arrive à

---

(1) M. Mahistre a omis dans N le dernier terme qui n'est certainement pas négligeable.

$$(96)\ldots\ldots \lambda^2 - Q = \frac{Rr}{R'\,r'}\left[\Delta_0'^2 - (R' + r')^2\right]$$

Dans l'application on pourra introduire quelques simplifications : le demi-diamètre apparent du Soleil diffère du demi-diamètre vrai assez peu pour qu'il soit permis de faire $R' = R$ dans plusieurs de ces termes; de plus, on pourra supposer ce dernier invariable pendant la durée de l'éclipse, ce qui donne $\varphi = o,\ K = -\dfrac{\varphi'}{R'}$; le 4me terme de N pourra aussi être négligé, vu que la quantité $\dfrac{\alpha \sin P}{\sin {}^2 p}$ est infiniment petite, etc. On n'oubliera pas d'ailleurs que toutes les notations se rapportent à l'instant de la conjonction.

Si les deux racines de l'équation (94) sont réelles et comprises entre les valeurs obtenues pour le commencement et la fin de l'éclipse générale, l'éclipse sera visible de la station donnée et on connaîtra l'heure des contacts extérieurs, ou des contacts intérieurs; si elles sont égales, il y aura simple appulse; enfin si elles sont imaginaires, ou tombent hors des limites, l'éclipse sera invisible dans l'endroit supposé.

103. S'agit-il de trouver le moment de la plus grande phase, nous reprendrons l'équation (93), qui peut s'écrire, en y introduisant les simplifications indiquées ci-dessus :

$$(97)\ldots\ldots M\iota^2 + 2\,F\iota + \lambda^2 - G = \frac{r}{r'}\Delta'^2$$

$$\text{avec } F = n\lambda + \frac{\varphi'\sin p}{R'\sin P} - k\frac{r\sin P}{r'\sin p} + \frac{\alpha}{2P}\left(1 - \frac{R^2}{R'^2}\right) + \left(k - \frac{\varphi'r}{R'r'}\right)$$

$$G = 2\left(1 - \frac{r}{r'}\right) - \frac{\sin p}{\sin P}\left(1 - \frac{R^2}{R'^2}\right) - \frac{\sin P}{\sin p}\left(1 - \frac{r^2}{r'^2}\right)$$

Prenons la dérivée par rapport à ι, et faisons $d\,\Delta' = o$; nous aurons pour l'instant de la plus grande phase

$$\iota = -\frac{F}{M},$$

et la quantité de la plus grande phase sera déterminée par l'équation

$$\frac{r}{r'}\Delta'^2 = \lambda^2 - G - \frac{F^2}{M}.$$

104. Nous avons voulu nous rendre compte de la valeur pratique des formules précédentes, et nous avons cherché à déterminer l'heure du commencement de l'éclipse du 5 mai 1864 pour San-Francisco. Pour cela il a fallu commencer par calculer les valeurs des quantités p, Z, Z', z, z', R, R' pour l'heure de la conjonction (en longitude), et pour une heure plus tard; nous avons suivi à cet effet la marche indiquée n° 92, et nous avons trouvé

A l'heure de la conjonction.		Une heure après.	
Soleil.	Lune.	Soleil.	Lune.
$D = 16° 33'\quad 0'',27$	$D' = 16° 47'\quad 36'',13$	$D = 16° 33'\quad 42'',34$	$D = 16° 54'\quad 26'',50$
$R = 43\quad 13\quad 39,04$	$R = 43\quad 9\quad 1,82$	$R = 43\quad 16\quad 3,94$	$R' = 43\quad 44\quad 5,40$
$H = 61\quad 52\quad 2,98$	$h' = 61\quad 56\quad 40,17$	$h = 76\quad 52\quad 5,88$	$h' = 76\quad 24\quad 4,42$
$Z_0 = 57\quad 52\quad 2,99$	$z_0 = 57\quad 47\quad 27,81$	$Z_, = 69\quad 43\quad 37,69$	$z_, = 69\quad 9\quad 45,82$
$A = 93\quad 24\quad 19,36$	$A' = 93\quad 7\quad 8,15$	$A = 84\quad 19\quad 13,41$	$A' = 84\quad 17\quad 16,85$
$P =\quad 8,50$	$p_0 =\quad 3480,29$	$P =\quad 8,50$	$p_, =\quad 3478,79$
$R_0 =\quad 952,368$	$r_0 =\quad 951,141$	$R_, =\quad 952,359$	$r_, =\quad 950,728$
$Z_0' = 57\quad 52\quad 10,20$	$z_0' = 58\quad 36\quad 58,90$	$Z_,' = 69\quad 43\quad 45,66$	$z_,' = 70\quad 4\quad 16,27$
$P' =\quad 7,198$	$p' =\quad 2971,09$	$P' =\quad 7,973$	$p' =\quad 3270,45$
$R_0' =\quad 952,389$	$r_0' =\quad 959,672$	$R_,' =\quad 952,373$	$r_,' =\quad 956,346$
$\Delta' = 2828,05$		$\Delta' = 1235,47.$	

On déduit de ce tableau

$$\alpha = -1'',503$$
$$\varepsilon = -0,413 \qquad \varepsilon' = -3'',326$$
$$\varphi = -0,009 \qquad \varphi' = -0,016$$

et l'on a de plus

$$m = 1901'',81$$
$$n = -189,00$$

Mais avant de faire le calcul de l'équation (94), nous voulions nous assurer du degré d'exactitude de l'équation (91), dans laquelle mettant les valeurs relatives à la conjonction et faisant $\Delta = \lambda_0 = 914'',714$, nous devions trouver $\Delta' = 2828''$. Or, au lieu de cela nous avons obtenu $\Delta' = 3503''$; cette divergence ne devait pas nous surprendre, car le terme le plus influent de la formule est le second, à cause du facteur $\dfrac{\sin p}{\sin P}$ qui est très-grand; or, ce facteur se trouve être multiplié par $\dfrac{\sin^2 R' - \sin^2 R}{\sin R' \sin R}$ ou $\dfrac{(R' - R)(R' - R)}{R' R}$, terme dont on ne peut avoir la valeur suffisamment approchée, même en prenant dans R' et R trois décimales. En effet, en faisant varier la différence R' — R de quelques dix-millièmes de seconde (ce qui ne change ni la somme $R' + R$, ni le produit RR' d'une manière appréciable) nous avons obtenu les résultats suivants :

Pour R' — R =	Δ' =
$0'',0210$	$3503''$
$0,0209$	3000
$0,0208$	2303
$0,0207$	1269
$0,0206$	Δ' est imaginaire.

Il faudrait, tous les autres nombres restant les mêmes, que R' — R fût égal à $0'',02087...$ Or, peut-on jamais être sûr même des centièmes de seconde? Comment alors compter sur un résultat dont le calcul exigerait une exactitude d'un cent-millième de seconde?

Comme pourtant la formule (91) est théoriquement bonne, nous nous sommes demandé si, par un artifice de calcul, l'on ne parviendrait pas à déterminer plus exactement les petits facteurs, question que nous pensons avoir résolue à l'aide des transformations suivantes :

On a $\dfrac{\sin R'}{\sin R} = \dfrac{\sin Z'}{\sin Z}$, d'où $\dfrac{\sin^2 R' - \sin^2 R}{\sin R' \sin R} = \dfrac{\sin^2 Z' - \sin^2 Z}{\sin Z' \sin Z} = \dfrac{\sin (Z' - Z) \sin (Z' + Z)}{\sin Z' \sin Z}$.

Mais $\sin (Z' - Z) = \sin P' = \sin P \sin Z'$, et par suite

$$\frac{\sin^2 R' - \sin^2 R}{\sin R' \sin R} = \sin P \frac{\sin (Z' + Z)}{\sin Z}.$$

On a pareillement

$$\frac{\sin^2 r' - \sin^2 r}{\sin r' \sin r} = \sin p \frac{\sin (z' + z)}{\sin z}.$$

Si nous substituons ces valeurs dans l'équation (91), ou dans l'équation (88), nous obtenons la suivante

$$(98)\ldots\ldots \cos \Delta' = \frac{\sin Z' \sin z'}{\sin Z \sin z} \cos \Delta - \tfrac{1}{2} \sin p \frac{\sin (Z' + Z) \sin z'}{\sin Z \sin z} - \tfrac{1}{2} \sin P \frac{\sin Z' \sin (z' + z)}{\sin Z \sin z}$$

dans laquelle les deux derniers termes peuvent être calculés avec toute l'exactitude désirable; elle remplacera donc avantageusement les deux autres équations, quand on voudra calculer la distance apparente des centres pour un moment et un lieu donnés.

Mais elle devra encore être transformée, parce que Δ' ne peut être calculé par son cosinus; comme elle est de la forme

$$\cos \Delta' = a \cos \Delta - b, \text{ on en tire}$$

$$\sin^2 \tfrac{1}{2} \Delta' = a \sin^2 \tfrac{1}{2} \Delta + \frac{b - a + 1}{2}.$$

Or b est très-petit, et a ne surpasse l'unité que de très-peu; la différence $a - 1$ ne serait donc pas obtenue avec un nombre suffisant de décimales; pour lever cette nouvelle difficulté nous remarquons que

$$\sin Z' \sin z' - \sin Z \sin z = \sin Z (\sin z' - \sin z) + \sin z' (\sin Z' - \sin Z)$$

$$= 2 \sin Z \sin \tfrac{1}{2} (z' - z) \cos \tfrac{1}{2} (z' + z) + 2 \sin z' \sin \tfrac{1}{2} (Z' - Z) \cos \tfrac{1}{2} (Z' + Z).$$

Mais $\sin (z' - z) = \sin p \sin z'$, d'où $2 \sin \tfrac{1}{2} (z' - z) = \dfrac{\sin p \sin z'}{\cos \tfrac{1}{2} (z' - z)}$,

de même $2 \sin \tfrac{1}{2} (Z' - Z) = \dfrac{\sin P \sin Z'}{\cos \tfrac{1}{2} (Z' - Z)}$ et par conséquent

$$\sin Z' \sin z' - \sin Z \sin z = \sin p \sin z' \sin Z \frac{\cos \tfrac{1}{2} (z' + z)}{\cos \tfrac{1}{2} (z' - z)} + \sin P \sin Z' \sin z' \frac{\cos \tfrac{1}{2} (Z' + Z)}{\cos \tfrac{1}{2} (Z' - Z)}$$

et la différence demandée s'obtient par l'addition de deux quantités qui pourront être calculées très-exactement. Alors notre équation deviendra :

$$(99)\ldots\ldots \sin^2 \tfrac{1}{2} \Delta' = \frac{\sin Z' \sin z'}{\sin Z \sin z} \sin^2 \tfrac{1}{2} \Delta + \tfrac{1}{4} \sin p \frac{\sin z'}{\sin z} \left[\frac{\sin (Z' + Z)}{\sin Z} - 2 \frac{\cos \tfrac{1}{2} (z' + z)}{\cos \tfrac{1}{2} (z' - z)} \right]$$

$$+ \tfrac{1}{4} \sin P \frac{\sin Z'}{\sin Z} \left[\frac{\sin (z' + z)}{\sin z} - 2 \frac{\sin z' \cos \tfrac{1}{2} (Z' + Z)}{\sin z \cos \tfrac{1}{2} (Z' - Z)} \right]$$

et c'est sous cette forme seulement qu'elle nous a donné des résultats concordants avec ceux que nous avions obtenus par les autres méthodes; et encore les calculs sont-ils plus longs que par ces dernières.

105. Si maintenant nous passons au calcul de l'équation (94), des difficultés du même genre se présenteront. Nous ne dirons rien du calcul des termes M et $\lambda^2 - Q$, qui est facile si l'on a égard à

l'équation (96); mais il n'en est pas de même du coefficient N. Il y a là d'abord des termes du second degré et de degré zéro, et il faudra avoir soin de rendre le tout homogène, ce qui se fera, par exemple, en multipliant les premiers et divisant les autres par $\sin 1''$.

Le cinquième terme $\dfrac{\alpha}{2\,\mathrm{P}}\left(1 - \dfrac{\mathrm{R}^2}{\mathrm{R}'^2}\right)$ pourra être remplacé par $\frac{1}{2}\,\alpha\,\dfrac{\sin\,(\mathrm{Z}'+\mathrm{Z})}{\sin\,\mathrm{Z}'}$, et le quatrième par $\frac{1}{2}\,\alpha\,\dfrac{\sin\,\mathrm{P}}{\sin\,p}\,\dfrac{\sin\,(z'+z)}{\sin\,z'}$, ou même être négligé tout à fait, car il est insensible. Mais les termes les plus considérables dans l'expression de N sont le second, à cause du facteur $\dfrac{\sin\,\mathrm{P}}{\sin\,p}$, et le septième; c'est d'eux que dépend pour ainsi dire toute la valeur de N, et comme ils sont de signes contraires, on comprend qu'on devra les connaître très-exactement. Mais dans le second terme, le facteur K, différence entre les deux valeurs du rapport $\dfrac{\sin\,\mathrm{R}}{\sin\,\mathrm{R}'}$ pour l'instant de la conjonction et une heure après, ne peut être connu tout au plus qu'à moins d'un centième de sa valeur, soit qu'on le calcule par la formule $\dfrac{\varphi}{\mathrm{R_0}'} - \dfrac{\mathrm{R_0}}{\mathrm{R_0}'}\cdot\dfrac{\varphi'}{\mathrm{R_0}'}$, soit par celle-ci : $\dfrac{\sin\,\mathrm{R}_1}{\sin\,\mathrm{R}_1'} - \dfrac{\sin\,\mathrm{R_0}}{\sin\,\mathrm{R_0}'}$; dans le premier cas on obtient $\mathrm{K} = \dfrac{0'',016 - 0,009}{\mathrm{R_0}'} = 0,0000073\ldots$, et dans le second $\mathrm{K} = 0,9999856 - 0,9999777 = 0,0000079\ldots$; il en résulte que dans ce second terme on ne peut compter que sur le premier ou les deux premiers chiffres, et comme le 7me terme a presque la même valeur, la différence entre ces deux termes sera tout à fait incertaine. Aussi en calculant l'équation (94) par les formules exactes (95) et (96), n'avons-nous obtenu aucun résultat tant soit peu satisfaisant, encore moins en admettant les réductions proposées par M. Mahistre ; ainsi en prenant $\mathrm{K} = 0,0000073$, N devient trop petit et l'équation finale a ses racines imaginaires ; en prenant $\mathrm{K} = 0,0000078\ldots$, N devient trop grand et on trouve pour racines $0^{\mathrm{h}},291\ldots$ et $4^{\mathrm{h}},047\ldots$ au lieu de $0,580\ldots$ et $2,497\ldots$

Ici encore nous avons cherché à arriver à quelque chose de plus conforme à la réalité en prenant des voies détournées. Prenons les trois termes

$$-\,\mathrm{K}\,\frac{\mathrm{R}\,\sin\,p}{\mathrm{R}'\,\sin\,\mathrm{P}} - k\,\frac{r\,\sin\,\mathrm{P}}{r'\,\sin\,p} + \left(\frac{r}{r'}\,\mathrm{K} + \frac{\mathrm{R}}{\mathrm{R}'}\,k\right);$$

ils pourront se mettre sous la forme

$$\left(\frac{\mathrm{K}}{\sin\,p} - \frac{\mathrm{K}}{\sin\,\mathrm{P}}\right)\left(\frac{\mathrm{R}}{\mathrm{R}'}\,\sin\,p - \frac{r}{r'}\,\sin\,\mathrm{P}\right).$$

Remontons, pour calculer k et K, à l'origine de ces expressions; en désignant par r_1, R_1, r_1' R_1' les demi-diamètres vrais et apparents une heure après la conjonction, nous avons

$$\mathrm{K} = \frac{r_1}{r_1'} - \frac{r_0}{r_0'} = \frac{r_1}{r_1'}\left(\frac{r_0' - r_0}{r_0'}\right) - \frac{r_0}{r_0'}\left(\frac{r_1' - r_1}{r_1'}\right).$$

Or de l'égalité $\dfrac{r}{r'} = \dfrac{\sin\,z}{\sin\,z'}$ on déduit $\dfrac{r' - r}{r'} = \dfrac{\sin\,z' - \sin\,z}{\sin\,z'} = \dfrac{2\,\sin\,\frac{1}{2}\,(z' - z)\,\cos\,\frac{1}{2}\,(z' + z)}{\sin\,z'}$

$$= \sin\,p\,\frac{\cos\,\frac{1}{2}\,(z' + z)}{\cos\,\frac{1}{2}\,(z' - z)}$$

et par suite la valeur de k peut s'écrire

$$k = \sin p_0 \frac{r_1 \cos \frac{1}{2}(z_0' + z_0)}{r_1' \cos \frac{1}{2}(z_0' - z_0)} - \sin p_1 \frac{r_0 \cos \frac{1}{2}(z_1' + z_1)}{r_0' \cos \frac{1}{2}(z_1' - z_1)} \,;$$

$$\text{de même } K = \sin P \left[\frac{R_1}{R_1''} \cos \tfrac{1}{2}(Z_0' + Z_0) - \frac{R_0}{R_0'} \cos \tfrac{1}{2}(Z_1' + Z_1) \right].$$

En calculant maintenant ces expressions avec les valeurs numériques du tableau précédent, nous trouvons

$$k = 0,00301606\mskip4, \qquad\qquad K = 0,000007639805$$

$$\frac{k}{\sin p} = 0,1787601, \qquad\qquad \frac{K}{\sin P} = 0,1853910$$

$$\frac{k}{\sin p} - \frac{K}{\sin P} = -0,0066309\,; \qquad \frac{R}{R'} \sin p - \frac{r}{r'} \sin P = 0,01683091$$

et le produit de ces deux nombres est — 0,0001116041 ; ou, en divisant par sin 1″, — 23,02000.

Voici maintenant les valeurs des autres termes de N, ramenés tous au premier degré et pris avec leur signe :

Le 1er.....$n\lambda$ $\qquad = -0,83815 \qquad$ le 5^e $-\tfrac{1}{2}\alpha\dfrac{\sin P \sin(z'+z)}{\sin p \sin z'} = +0,00192$

Le 4^e $\tfrac{1}{2}\alpha\dfrac{\sin(Z'+Z)}{\sin Z'} = -0,79938 \qquad$ le 6^e $-\dfrac{R\,r}{R'\,r'}(R'+r')(\varepsilon'+\varphi') = +0,03070$

Le dernier... $\qquad = -0,02679$

Réduisant tous ces termes entre eux, on obtient N = — 24,65170. Dans le calcul de M, nous avons pris $m^2 \cos^2 \lambda_0$ au lieu m^2, ce qui est plus exact, et nous sommes enfin arrivé à l'équation

$$17,7080\, t^2 - 2 \times 24,6517\, t + 20,8625 = o,$$
ou
$$t^2 - 2 \times 1,39212\, t + 1,17814 = o,$$

qui a pour racines............ ..... 0,52042 et 2,26383 ;

ajoutant l'heure de la conjonction.. $4^h,06559,$

on trouve pour l'heure du commencement de l'éclipse.. $4^h,58601 = 4^h\ 35^m\ 10^s$

et pour celle de la fin....... .... $6,32942 = 6^h\ 19^m\ 46^s$

Ces résultats ne sont pas encore tout à fait exacts, surtout l'heure de la fin de l'éclipse qui diffère d'une douzaine de minutes de l'heure véritable ; l'erreur peut s'expliquer en partie de ce que l'on a négligé au n° 102 les termes du second ordre ; ces termes, bien qne très-petits, auraient pourtant contribué à diminuer un peu la valeur du coefficient de t^2, et de là seraient résultées des racines un peu plus grandes.

Il faudrait maintenant refaire le calcul de chacune des deux époques, en prenant pour origine des temps les moments trouvés ; mais ces calculs, qui demandent à être faits avec une extrême minutie, sont fort longs et pénibles, et nous doutons qu'aucun astronome veuille jamais se servir de cette méthode pour calculer les circonstances de l'éclipse pour un lieu déterminé. Pour notre part, nous préférons de beaucoup la méthode des projections, qui conduit au but par un chemin bien plus court et en même temps plus agréable ; et même les méthodes parallactiques comme aussi celle que nous avons donnée n°ᵉ 15 à 18, nous semblent plus avantageuses, car si l'on a calculé par exemple d'heure en heure les distances apparentes des centres, on peut obtenir le temps du commencement et de la fin d'une manière assez rapprochée par une simple proportion : ainsi dans notre exemple où

$\Delta'_0 = 2828,05$ et $\Delta'_1 = 1235,47$ on peut poser l'égalité $\dfrac{t}{1^h} = \dfrac{\Delta'_0 - \Delta'}{\Delta'_0 - \Delta'_1}$; en y faisant

$\Delta' = (R'_0 + r'_0) + (\varepsilon' + \varphi')\, t = 1912,06 - 3,342\, t$, il vient

$$t = \frac{\Delta'_0 - (R'_0 + r'_0)}{\Delta'_0 - \Delta'_1 + (\varepsilon' + \varphi')} = \frac{915,99}{1589,24} = 0,57630.$$

En ajoutant l'heure de la conjonction 4,06559

on a pour l'heure approchée du commencement . . . . $\overline{4,64189} = 4^h\,38^m\,31^s$

et cette valeur diffère beaucoup moins de l'heure véritable $4^h\,38^m\,45^s$ que celle que nous avons obtenu par la méthode précédente.

Quoi qu'il en soit, nous allons suivre **M. Mahistre** dans l'application qu'il fait de ses formules au problème de l'éclipse générale, et d'abord à celui de l'éclipse centrale.

106. *De l'éclipse centrale.* En résolvant par rapport à cos Δ l'équation (88), ou mieux l'équation (98), il vient

$$\cos \Delta = \frac{\sin Z \sin z}{\sin Z' \sin z'} + \tfrac{1}{2} \sin p\, \frac{\sin (Z' + Z)}{\sin Z'} + \tfrac{1}{2} \sin P\, \frac{\sin (z' + z)}{\sin z'} - 2\, \frac{\sin Z \sin z}{\sin Z' \sin z'} \sin^2 \tfrac{1}{2} \Delta'.$$

Éliminons les angles Z et z entre cette dernière et les relations (89), on aura d'abord

$$\frac{\sin Z}{\sin Z'} = \frac{\sin (Z' - P')}{\sin Z'} = \cos P' - \sin P \cos Z'; \quad \frac{\sin z}{\sin z'} = \cos p' - \sin p \cos z'$$

$$\frac{\sin (Z' + Z)}{\sin Z'} = \frac{\sin (2Z' - P')}{\sin Z'} = 2 \cos Z' \cos P' - \cos 2Z' \sin P; \quad \frac{\sin (z' + z)}{\sin z} = 2 \cos z' \cos p' - \cos 2 z' \sin p,$$

et l'on arrivera sans peine à l'équation

$$\cos \Delta = \cos p' \cos P' + (\cos Z' - \cos z')(\sin p \cos P' - \sin P \cos p')$$

$$- \tfrac{1}{2} \sin p \sin P (\cos 2 z' + \cos 2 Z' - 2 \cos Z' \cos z') - 2\, \frac{R\, r}{R'\, r'} \sin^2 \tfrac{1}{2} \Delta'.$$

Cela posé, dans le cas de l'éclipse centrale on a $\Delta' = 0$, $z' = Z'$, et l'équation précédente se réduit alors à

$$(100) \ldots \ldots \cos \Delta = \cos p' \cos P' + \sin p \sin P \sin^2 z'.$$

Or $\cos p' \cos P' = (1 - \tfrac{1}{2} \sin^2 p \sin^2 z')(1 - \tfrac{1}{2} \sin^2 P \sin^2 Z')$, ou bien en faisant les simplifications permises,

$$\cos p' \cos P' = 1 - \tfrac{1}{2} p^2 \sin^2 z' - \tfrac{1}{2} P^2 \sin^2 Z'$$

et l'équation (100) se ramène à la suivante :

$$(101) \ldots \ldots \Delta = (p - P) \sin z'$$

Ce dernier résultat peut être obtenu directement sur la *fig.* (35), car on y a évidemment $\Delta = p' - P' = p \sin z' - P \sin z'$.

Veut-on trouver maintenant *l'heure du commencement et de la fin de l'éclipse centrale*, on remarquera que la droite SL doit être tangente à la surface de la terre, donc $z = 90°$, est par suite

$$\Delta = p - P = p_0 - P + \alpha t;$$

introduisons cette hypothèse dans l'équation (87), et nous aurons

$$(102) \ldots \ldots (m^2 + n^2) t^2 + 2 [n\lambda_0 - (p_0 - P) \alpha]\, t + \lambda_0^2 - (p_0 - P^2) = 0.$$

On tire de là deux valeurs pour t, l'une convenant au commencement, l'autre à la fin de l'éclipse centrale ; on n'a qu'à ajouter ces valeurs avec leur signe à l'heure de la conjonction.

Désire-t-on savoir *à quel instant et dans quel lieu l'éclipse est centrale au méridien*, on n'a qu'à remarquer que dans ce cas (comme le montre la *fig.* 35)

$$(103) \begin{cases} \text{M}l \text{ ou } z' - p' = \text{latitude EM} - \text{déclinaison } \mathbb{C}, \text{ ou } z' - p' = \pm (l - \text{D}') \\ \text{M}s \text{ ou } \text{Z}' - \text{P}' = \text{latitude EM} - \text{déclinaison } \odot, \text{ ou } \text{Z}' - \text{P}' = \pm (l - \text{D}). \end{cases}$$

En retranchant l'une de l'autre ces deux égalités, il vient

$$(104) \ldots \ldots \Delta = \pm (\text{D}' - \text{D}).$$

Or D et D' sont les déclinaisons du Soleil et de la Lune au moment où l'éclipse peut être observée centrale dans le méridien ; ce temps étant inconnu, D' et D le sont aussi ; soient v et v' les mouvements horaires du Soleil et de la Lune en déclinaison, on aura $\text{D}' = \text{D}_0' + v't$, $\text{D} = \text{D}_0 + vt$ et $\Delta = \pm [\text{D}_0' - \text{D}_0 + (v' - v) t]$.

Elevons au carré, et remplaçons Δ^2 par sa valeur dans l'équation (87), on aura

$$[m^2 + n^2 - (v' - v)^2] t^2 + 2 [n\lambda_0 - (\text{D}' - \text{D}) (v' - v)] t + \lambda_0^2 - (\text{D}'_0 - \text{D}_0)^2 = 0.$$

On prendra celle des deux valeurs de t qui tombe entre les heures du commencement et de la fin de l'éclipse centrale.

On pourrait encore trouver le temps demandé en remplaçant dans l'équation (104) Δ par $\lambda_0 + bt$, b étant la variation horaire de Δ. Pour avoir la valeur de cette quantité, on prendra deux valeurs connues de Δ, par exemple celle qui répond à la conjonction et qui est λ_0, et celle qui répond au commencement ou à la fin de l'éclipse générale, Δ_1 ; si θ est le temps écoulé entre ces deux instants, on a

$$\Delta_1 = \lambda_0 + b\theta, \text{ d'où } b = \frac{\Delta_1 - \lambda_0}{\theta}$$

On arrive de cette manière à l'équation

$$\lambda_0 + \frac{\Delta_1 - \lambda_0}{\theta} t = \pm [\text{D}'_0 - \text{D}_0 + (v' - v) t], \text{ d'où l'on tire}$$

$$t = \frac{\pm (\text{D}'_0 - \text{D}_1) - \lambda_0}{\Delta_1 - \lambda_0 \mp (v' - v) \theta} \theta.$$

Pour déterminer ensuite le lieu qui observe l'éclipse centrale dans le méridien, l'équation (101) donne $\sin z' = \dfrac{\Delta}{p - \text{P}} = \dfrac{\pm (\text{D}' - \text{D})}{p - \text{P}}$,

et l'une des équations (103) donne

$$l = \text{D}' - p \sin z' + z' \ldots \text{ si } \text{D}' > \text{D}$$
$$\text{ou } l = \text{D}' + p \sin z' - z' \ldots \text{ si } \text{D} > \text{D}'.$$

On peut aussi résoudre le problème à rebours : comme l'instant du phénomène est celui de la conjonction en ascension droite, on peut déterminer d'abord, et directement, la quantité t ; cela fait, on calculera Δ par la formule

$$\cos \Delta = \cos nt \cos mt$$

et l'on s'assure si la relation $\Delta = \pm (\text{D}' - \text{D})$, qui devient alors une équation de condition, est satisfaite. Cela étant, l'équation $\Delta = (p - \text{P}) \sin z'$ fera connaître l'angle z', l'équation (103) fera connaître l, et la longitude se déduira de l'heure du phénomène.

En général, pour avoir la courbe de centralité sur la surface de la terre, on donnerait à t différentes valeurs comprises entre les deux racines de l'équation (102), et l'on déterminerait à chaque fois les coordonnées géographiques de la station correspondante, comme on l'expliquera un peu plus loin (n° 108).

107. *Commencement et fin de l'éclipse générale.* Nous connaissons l'instant physique du phénomène par les n°s 35 et 37 ; il s'agit de trouver quels sont les endroits de la terre où l'on pourra observer le premier et le dernier attouchement des bords du Soleil et de la Lune. Or, comme cela ressort de la *fig.* 9, on a

$$z' = 90° - r' \text{ et } Z' = 90° + R'$$

$$\text{avec } r' = r \frac{\sin z'}{\sin (z' - p')} \text{ et } R' = R \frac{\sin Z'}{\sin (Z' - P')}.$$

En développant $\sin (z' - p')$, et remplaçant $\sin p'$ par $\sin p \sin z'$, il vient $r' = \dfrac{r}{\cos p' - \sin p \cos z'}$. Or la Lune étant près de l'horizon, la différence entre $\cos p'$ et $\cos p$ est totalement inappréciable ; en second lieu le terme $\sin p \cos z'$ est tellement petit que si l'on y remplace z' par $90 - r$ il n'en résulte pas de différence sensible ; donc on a, avec toute la rigueur désirable

$$r' = \frac{r}{\cos p - \sin p \sin r}, \text{ et par conséquent } z' = 90° - \frac{r}{\cos p - \sin p \sin r} \quad (1).$$

Quant au soleil, on a $Z = 90° + \dfrac{R}{\cos P - \sin P \sin R} = 90° + R$; car, puisque $P < 8''{,}7$, $\cos P - \sin P \sin R$ ne diffère de l'unité que de 1 ou 2 dix-millionièmes ; ce qui ne produit pas un millième de seconde d'erreur sur R' ou Z'.

108. Il reste à trouver les *coordonnées géographiques* d'une station connue par les distances zénithales apparentes z' et Z' qui répondent à un instant donné.

On calculera les parallaxes de hauteur, par les formules

$$\sin p' = \sin p \sin z', \quad P' = P \sin Z',$$

on les retranchera des angles z' et Z', ce qui donnera les distances zénithales vraies $z = z' - p'$, $Z = Z' - P'$, telles qu'on les observerait du centre de la Terre. Cela posé, soient (*fig.* 5) P le pôle de l'équateur, O le zénith apparent, L et S les lieux vrais de la Lune et du Soleil ; en désignant par A l'angle LPS, différence des ascensions droites du Soleil et de la Lune pour l'instant du calcul, on a

d'abord
$$\frac{\sin PSL}{\cos D'} = \frac{\sin A}{\sin \Delta} ;$$

dans le triangle OLS on connaît les trois côtés $OL = z$, $OS = Z$, $SL = \Delta$, et l'on en tire

$$\cos z = \cos \Delta \cos Z + \sin \Delta \sin Z \cos OSL$$
$$= \cos (Z - \Delta) - 2 \sin \Delta \sin Z \sin^2 \tfrac{1}{2} OSL,$$

d'où $\sin^2 \tfrac{1}{2} OSL = \dfrac{\cos (Z - \Delta) - \cos z}{2 \sin \Delta \sin Z} = \dfrac{\sin (\Sigma - \Delta) \sin (\Sigma - Z)}{\sin \Delta \sin Z}$,

en posant $Z + z + \Delta = 2 \Sigma$.

On connaîtra donc l'angle $PSO = \alpha$, ainsi que les deux côtés qui le comprennent dans le triangle PSO ; on pourra par suite calculer l'angle $OPS = h$, et le côté $PO = 90° - l$: les formules sont celles qui ont été données n° 43, équ. (32).

---

(1) M. Mahistre, par une voie un peu différente et assez détournée, arrive à la formule $z = 90° - \dfrac{r}{1 - pr}$ qui conduit à un angle pouvant surpasser le véritable de $0''{,}17$. D'ailleurs si l'on faisait tout simplement $r' = r$, $z' = 90° - r$, l'erreur ne dépasserait jamais $0''{,}5$; cette erreur nous semble bien négligeable, vu que la réfraction en produit une beaucoup plus sensible.

Dans le cas de l'éclipse centrale, le problème se simplifie parce que les deux astres se trouvent dans le même vertical et que de plus $z' = Z'$; donc l'angle $PSL = PSO$ ou α; et l'on a

$$\sin \alpha = \frac{\sin A \cos D'}{\sin \Delta} \; ; \quad \text{mais } SL \text{ ou } \Delta \text{ est égal à } p' - P', \text{ par conséquent}$$

$$\sin \Delta = \sin p' - \cos p' \sin P' = (\sin p - \cos p \sin P) \sin z', \text{ et } \sin \alpha = \frac{\sin A \cos D'}{(\sin p - \cos p \sin P)\sin z'}.$$

Le triangle OPS donne ensuite

$$\sin l = \cos Z \sin D + \sin Z \cos D \cos \alpha$$

$$\sin h = \frac{\sin Z \sin \alpha}{\cos l} = \frac{\sin Z}{\sin Z'} \cdot \frac{\sin A \cos D'}{(\sin p - \cos p \sin P) \cos l}.$$

Dans ces formules, on pourra, sans inconvénient, supposer $Z = Z'$, et mettre simplement $\sin p$ à la place de $\sin p - \cos p \sin P$, de sorte que $\sin h = \dfrac{\sin A \cos D'}{\sin p \cos l}$.

Pour le commencement et la fin de l'éclipse centrale, $z' = 90'$, et l'on a $\sin \alpha = \dfrac{\sin A \cos D'}{\sin (p - P)}$, $\sin l = \cos D \cos \alpha$, $\sin h = \dfrac{\sin A \cos D'}{\sin (p - P) \cos l}$, et l'on remplacera encore, si l'on veut, $\sin (p - P)$ par $\sin p$.

Enfin, on pourra tenir compte de l'aplatissement terrestre dans les questions qui précèdent, comme nous l'avons expliqué au n° 37; la latitude de la station étant à peu près connue, on corrigera les parallaxes et les distances zénithales, et l'on recommencera le calcul avec ces nouvelles valeurs.

109. Nous allons terminer notre travail, en appliquant à un exemple les formules obtenues au n° 15 par l'analyse; la démonstration géométrique que nous en avons donnée au n° 18 a le même point de départ que celle de M. Mahistre, mais on n'y fait usage que des ascensions droites et des déclinaisons; tandis que pour les formules de M. Mahistre, il faut calculer, outre les longitudes et les latitudes, soit les ascensions droites et les déclinaisons, soit les coordonnées du zénith (ou du nonagésime) par rapport à l'écliptique, ce qui allonge le calcul. Ici la marche est plus régulière, mais ici encore, comme dans presque toutes ces méthodes, il y a des termes très-influents que l'on ne peut obtenir que par la différence de quantités ayant les premiers chiffres de commun; et pour avoir ces différences avec une approximation suffisante, il faut quelques précautions que nous allons indiquer.

Soit proposé de chercher la distance apparente des centres dans l'éclipse du 5 mai 1864 pour San-Francisco, à 4 h. 38^m 45 temps moyen.

Nous commencerons par calculer les formules

$$\cos \Delta = \sin B \sin b + \cos B \cos b \cos (A - a)$$
$$\cos Z = \sin B \sin \beta + \cos B \cos \beta \cos (A - \alpha)$$
$$\cos z = \sin b \sin \beta + \cos b \cos \beta \cos (a - \alpha)$$

$$U = \frac{1}{\sin P}, \quad u = \frac{1}{\sin p}$$
$$p = 1 - \mu \sin^2 \beta - \tfrac{5}{8} \mu^2 \sin^2 2\beta.$$

On a pour l'époque et la station choisies :

$Æ \odot = A = 43° 15' 3'',01$	$Æ \; \mathsf{C} = a = 43° 29' 22'',32$	$\alpha = 113° 49' 20'',88$
$D \odot = B = 16 \quad 33 \; 24 ,69$	$D \; \mathsf{C} = b = 16 \quad 51 \; 35, 01$	$\beta = \quad 37 \quad 37 \quad 23 ,45$
$P = \qquad\qquad 8 ,50$	$p = \qquad\quad 3483,745$	$\mu = \dfrac{1}{300}$

Le calcul de Z et z n'offre aucune difficulté, et l'on trouve

$$\sin B \sin \beta \qquad = 0{,}1739624 \quad\Big|\quad \sin b \sin \beta \qquad = 0{,}1770535 \quad\Big|\quad U = 24266{,}446$$
$$\cos B \cos\beta \cos (A-\alpha) = 0{,}2525320 \quad\Big|\quad \cos b \cos\beta \cos(a-\alpha) = 0{,}2551076 \quad\Big|\quad u = 59{,}21059$$
$$\cos Z \qquad = 0{,}4264944 \quad\Big|\quad \cos z \qquad = 0{,}4321611 \quad\Big|\quad \rho = 0{,}998754$$

Pour avoir la distance vraie Δ, on mettra la première équation sous la forme

$$\sin^2 \tfrac{1}{2}\Delta = \sin^2 \tfrac{1}{2}(B - b) + \cos B \cos b \sin^2 \tfrac{1}{2}(A - a)$$

et l'on obtient $\log \sin^2 \tfrac{1}{2}\Delta = \overline{5}{,}0400406$.

Il ne reste plus à calculer que les trois équations

$$(m) \dots\dots\dots\dots \begin{cases} U^2 - U'^2 = 2\,U \rho \cos Z - \rho^2 \\ u^2 - u'^2 = 2\,u \rho \cos z - \rho^2 \end{cases}$$

$$(n) \dots\dots\dots\dots U'\, u' \cos \Delta' = U\, u \cos \Delta - U \rho \cos Z - u \rho \cos z + \rho^2$$

Dans cette dernière il faudra remplacer $\cos \Delta'$ par $1 - 2\sin^2\tfrac{1}{2}\Delta'$, et $\cos \Delta$ par $1 - 2\sin^2\tfrac{1}{2}\Delta$, et il se trouve qu'alors les quantités Uu et $U'u' + U\rho \cos Z + u\rho \cos z - \rho^2$ ont leurs cinq premiers chiffres communs, ce qui fait que leur différence sera incertaine; pour obtenir plus exactement cette différence, nous transformerons la dernière équation de la manière suivante :

$$2\,U'\, u' \cos \Delta' = 2\,Uu \cos \Delta + U'^2 + u'^2 - U^2 - u^2$$

$$(n') \dots\dots\dots\dots 4\,U'\, u' \sin^2 \tfrac{1}{2}\Delta' = 4\,Uu \sin^2 \tfrac{1}{2}\Delta + (U - u)^2 - (U' - u')^2$$

Les deux derniers termes de cette équation peuvent s'écrire $[(U+U')-(u+u')][(U-U')-(u-u')]$; or par les équations (m), on connaît très-exactement les différences $U^2 - U'^2$, $u^2 - u'^2$; en les retranchant respectivement des valeurs de U^2 et u^2, on obtiendra U'^2 et u'^2, et par suite U' et u' avec une approximation suffisante pour donner $U + U'$ et $u + u'$, mais pas assez pour les différences $U - U'$, $u - u'$; celles-ci devront se calculer par les formules

$$U - U' = \frac{2\,U \rho \cos Z - \rho^2}{U + U'} , \quad u - u' = \frac{2\,u \rho \cos z - \rho^2}{u + u'} .$$

On trouve ainsi dans notre exemple

$$U^2 = 588860400 \dots\dots U = 24266{,}446 \qquad\Big|\qquad u^2 = 3505{,}894 \dots\dots\dots u = 59{,}21059$$
$$U^2 - U'^2 = 20672{,}242 \qquad\qquad\Big|\qquad u^2 - u^{2\prime} = 50{,}11575$$
$$U'^2 = 588839728 \dots\dots U' = 24266{,}020 \qquad\Big|\qquad u'^2 = 3455{,}778 \dots\dots u' = 58{,}78586$$
$$U + U' = 48532{,}466 \qquad\qquad\qquad\Big|\qquad u + u' = 117{,}99645$$
$$U - U' = \frac{20672{,}242}{48532{,}466} = 0{,}4259469 \qquad\Big|\qquad u - u' = \frac{50{,}11575}{117{,}99645} = 0{,}4247225$$

Donc $(U - U') \cdot (u - u') = 0{,}001224$ et $(U + U') - (u + u') = 48414{,}470$.

Produit de ces deux différences : $59{,}2787$, dont le quart $= 14{,}81967$.

L'équation (n') se réduit donc à

$$U'\, u' \sin^2 \tfrac{1}{2}\Delta' = Uu \sin^2 \tfrac{1}{2}\Delta + 14{,}81967 = 15{,}75601 + 14{,}81967 = 30{,}57568;$$

d'où $\log \sin^2 \tfrac{1}{2}\Delta' = \overline{5}{,}3311046$; $\tfrac{1}{2}\Delta = 954''{,}946$, et enfin $\Delta' = 1909''{,}89$.

Quant aux demi-diamètres apparents, on trouve

$$r' = \frac{u}{u'} \times 950{,}911 = 957{,}781 \qquad\qquad R' = \frac{U}{U'} \times 952{,}362 = 952{,}378 ;$$

et pour leur somme : $\qquad\qquad r' + R' = 1910''{,}16$.

Tous ces résultats sont complétement d'accord avec ceux que nous avons trouvés par les autres méthodes (Voy. n°ˢ 92, 94, 86, etc).

CONCLUSIONS.

110. Je crois avoir donné une idée assez exacte des diverses méthodes qui ont été proposées pour le calcul des éclipses, au moins de toutes celles dont j'ai pu me procurer la connaissance; si je me suis arrêté plus longuement sur certaines d'entre elles, c'est qu'elles m'ont paru mériter une plus sérieuse attention, soit sous le rapport théorique, soit sous celui des applications. Le calculateur choisira entre toutes ces méthodes celle qui le mènera le plus directement au but qu'il se propose, et ce choix ne devra pas lui sembler difficile s'il nous a suivis dans l'exposition qui précède et dans les remarques qu'elle nous a suggérées en divers endroits de ce travail; toutefois, si je dois émettre ici non un avis (mon inexpérience ne me permet pas de m'élever jusque-là), mais une appréciation personnelle, je n'hésiterai pas à dire que la méthode des projections me paraît devoir mériter la préférence, soit qu'on veuille calculer les circonstances de l'éclipse de Soleil pour un lieu particulier, soit qu'on veuille déterminer la route de l'ombre et de la pénombre sur le globe terrestre. Le procédé graphique, outre qu'il présente plus d'attraits que les méthodes de calcul pur, parce qu'il parle aux yeux, a encore cet avantage de fournir au calculateur novice ce fil d'Ariane qui le conduira plus sûrement à travers le labyrinthe des formules, et le mettra en garde contre bien des erreurs de calcul auxquelles son manque d'expérience pourrait l'exposer. Cette méthode des projections est d'ailleurs parvenue aujourd'hui, grâce aux travaux de M. Bach, a un degré d'exactitude qui laisse peu de chose à désirer.

S'il s'agit seulement de l'éclipse de Soleil pour un lieu particulier, je mettrai en seconde ligne la méthode analytique exposée aux nᵒˢ 15 et suiv.; cette méthode est rigoureuse et susceptible dans son application d'une précision au moins égale à celle des autres, si l'on veut bien prendre les précautions de calcul que j'ai indiquées au nᵒ 109; la nouvelle démonstration que j'ai donnée (nᵒ 18) la rend certainement la plus élémentaire et la plus facile de toutes. J'en dirai presqu'autant de la méthode des parallaxes de hauteur (nᵒ 92), qui est assurément plus simple que celle du *nonagésime :* cette dernière est peut-être plus exacte, mais elle exige des calculs bien plus longs.

Les deux méthodes de Delambre (nᵒˢ 71 et 99) sont encore remarquables par leur simplicité; quant à celle de M. Mahistre, elle séduit par la démonstration élémentaire de sa formule fondamentale, et par la solution d'un problème inaccessible aux autres méthodes; mais on a pu voir quelles sont les difficultés qui se présentent quand on cherche à la mettre en pratique. Ces difficultés sont de beaucoup amoindries quand on ne prend de cette méthode que ce qui a rapport à l'éclipse générale; mais là encore elle se tait sur bien des questions, telles que les courbes d'illumination, les lignes de simple contact, les lignes d'égale phase, les lignes de milieu d'éclipse au lever et au coucher du Soleil, questions qui sont résolues complètement dans les trois méthodes du Chap. II.

Je ne me dissimule pas les nombreuses imperfections que présente mon travail; un sujet aussi vaste ne saurait être traité d'une manière complète que par un astronome de profession, et si j'ai osé l'entreprendre, c'est que j'ai eu le désir de connaître les procédés tant anciens que modernes, usités dans le calcul des éclipses, et de faciliter cette connaissance aux personnes qui auraient le même désir, en coordonnant ces méthodes et les réunissant dans un seul corps d'ouvrage. En soumettant cet essai à mes juges, j'ose solliciter leur bienveillante indulgence.

Vu et approuvé :

le 23 mai 1864,

Le Doyen de la Faculté des Sciences,
A. GODRON.

Vu et permis d'imprimer :

Le Recteur,
C. DUNOYER.

TABLE DES MATIÈRES.

INTRODUCTION ET NOTIONS PRÉLIMINAIRES.

PREMIÈRE PARTIE.

Solution analytique du problème général des éclipses.

Méthode de Lagrange.

DEUXIÈME PARTIE.

Des éclipses de Lune.

TROISIÈME PARTIE.

Des éclipses de Soleil.

CHAPITRE I.

De l'éclipse de Terre en général.

CHAPITRE II.

De l'éclipse des différents lieux de la Terre. — Route de l'ombre et de la pénombre.

I *Méthode des projections.*

CHAPITRE III.

De l'éclipse de Soleil pour un lieu déterminé de la Terre.

I. *Méthode graphique des projections.*

II. *Méthodes parallactiques ou trigonométriques.*

III. *Méthodes analytiques.*

FIN.

Nancy, imprimerie de v^e Raybois, rue du faubourg Stanislas, 5.